U0366600

本书编委会

宁东能源化工基地
水土保持生态环境动态研究

NINGDONG NENGYUAN HUAGONG JIDI
SHUITU BAOCHI SHENGTAI HUANJING DONGTAI YANJIU

石 云 杨 志 徐志友 李建国 牛保安

主编

黄河出版传媒集团
阳光出版社

图书在版编目(CIP)数据

宁东能源化工基地水土保持生态环境动态研究 / 石云等主编. -- 银川 : 阳光出版社, 2021.6
　　ISBN 978-7-5525-6011-4

Ⅰ.①宁… Ⅱ.①石… Ⅲ.①水土保持－生态环境－环境保护－宁夏　Ⅳ.①S157.2

中国版本图书馆 CIP 数据核字(2021)第 130792 号

宁东能源化工基地
水土保持生态环境动态研究　　石　云　杨　志　徐志友　李建国　牛保安　主编

责任编辑　贾　莉　马　晖
封面设计　晨　皓
责任印制　岳建宁

出 版 人　薛文斌
地　　　址　宁夏银川市北京东路 139 号出版大厦(750001)
网　　　址　http://www.ygchbs.com
网上书店　http://shop129132959.taobao.com
电子信箱　yangguangchubanshe@163.com
邮购电话　0951-5014139
经　　　销　全国新华书店
印刷装订　宁夏凤鸣彩印广告有限公司
印刷委托书号　(宁)0021448

开　　本　787 mm×1092 mm　1/16
印　　张　8.75
字　　数　200 千字
版　　次　2021 年 6 月第 1 版
印　　次　2021 年 6 月第 1 次印刷
书　　号　ISBN 978-7-5525-6011-4
定　　价　56.00 元

目　录

第一章 绪论

1 研究背景

1.1 研究背景

近年来，国家加大生态建设力度，水土保持科学研究处于快速发展的关键时期，治理水土流失、改善生态环境已成为全社会广泛关注的热点，水土保持生态建设和科技事业的发展面临着千载难逢的机遇。

近年来国家对生态文明的建设越来越重视，这要求我们要加大水土流失治理力度和加强水土保持动态监测。宁夏回族自治区持续的水土保持生态修复取得大量成果，查找水土保持监测工作中存在的问题和不足，抓住机遇、展望未来，提出有效的措施与对策，对于全面提升宁夏水土保持科技含量和自主创新能力，实现水土保持事业快速发展具有十分重要的意义。

宁东能源化工基地（以下简称宁东基地）的建设是实施国家区域发展战略和能源发展战略的关键步骤，是宁夏落实科学发展观、惠及宁夏人民的重大举措，被誉为宁夏回族自治区开发建设的"一号工程"。由于宁东基地位于宁夏中部干旱草原区，自然条件恶劣，生态环境脆弱，属国家级水土流失重点监督区。自开发建设以来，全社会在关心基地建设的同时，对生态环境的变化也给予了高度关注。做好宁东基地水土流失调查，进行生态环境变化监测与评价是该区域水土保持监测工作的主要任务，因此要求新的相关水土保持监测技术和方法，监测的成果质量要求更高。

2007年宁夏回族自治区水利厅（以下简称宁夏水利厅）水土保持局制定了《宁东能源化工基地水土保持生态环境动态监测与研究实施方案》，经宁夏水利厅批准，开展了水土保持生态环境动态监测研究。利用遥感技术与地面监测结合的方法对宁东基地的生态环境变化情况进行连续动态监测，从宏观角度掌握宁东基地由于开发建设引起的水土流失和生态环境变化情况，为政府决策提供科学依据，同时为每年宁夏的水土流失公告提供基础数据，因此，对宁东基地进行水土保持动态监测具有十分重要的意义。这些工作宁夏水利厅水土保持局在 2007 年、2010 年已做过二期（第一期：2007 年度，执行时间为 2007 年 3 月—2008 年 9 月，监测时段为 2000 年、2005 年，反映 2 个时段环境变化情况；第二期：2010 年度，执行时间为 2010 年 7 月—2011 年 8 月，监测时段为 2005 年、2010 年，反映 3 个时段环境变化情况）。

2016 年宁夏水利厅水土保持局制定了《宁东能源化工基地水土保持生态环境动态监测与研究实施方案》，经宁夏水利厅批准，开展 2015 年度宁东基地水土保持生态环境动态监测与研究工作。本次拟开展 2011—2015 年动态监测，对宁东基地开发建设扰动、水土保持生态环境变化情况调查，并根据前两期监测结果对比分析宁东基地水土保持生态环境变化情况，同时结合遥感影像尺度、土壤侵蚀、NDVI 等对宁东基地水土保持生态环境进行研究。

"宁东能源化工基地水土保持生态环境动态研究"项目，通过建立宁东基地水土保持生态环境监测指标体系，合理确定监测研究内容，采用遥感、典型定点监测和调查相结合的监测方法，以遥感为主要技术手段，以地理信息系统为平台，采用野外调查与室内解译相结合的方法，对宁东基地 3 484 km² 和两个重点区（宁东工业园区、太阳山能源新材料基地）的土地利用类型、植被覆盖度、土壤侵蚀强度、水土保持措施、开发建设情况进行研究。并按照《生态环境状况评价技术规范》的相关技术规定，对宁东基地开发建设过程中水土保持和生态环境的变化进行定量跟踪评价，对宁东能源化工基地开发建设过程中的水土保持和生态环境变化规律进行研究。

1.2　前期监测存在的问题

前期监测结果较为客观地反映了该地区在发展过程中注重生态建设与保护，实现了生态与经济的同步发展，提出的建议对该地区今后发展有很好的指导意义。

对宁东工业园区水土保持生态环境变化监测是一项新工作，在前两期监测中对监测方法、水土保持生态环境变化评价方法、评价指标体系进行探索，但还不够完善。同时，随着时间的推移，距上一期（2010 年）监测已有 6 年时间，亟待开展新一期的宁东基地水土保持生态环境监测与研究。宁东能源化工基地作为宁夏一号工程，区域社会经济飞速发展，继续开展水土保持生态环境动态监测工作，评价新时期宁东基地水土保持生态环境变化尤为重要，评价结果可为政府在宁东基地未来规划和建设提供决策依据。

本研究在宁东基地水土保持生态环境持续监测的基础上，针对以往监测方法中存在的采用数据分辨率较低、生态环境监测评价方法不够完善等问题，采用高分辨率遥感影像，遥感影像尺度、土壤侵蚀和 NDVI 等，进一步完善评价模型，以便更客观地反映宁东基地水土保持生态环境的状态和变化，为区域水土保持、政府决策提供依据。

2 研究区概况

2.1 研究区概况

宁东基地规划区总面积 3 484 km²，位于宁夏中东部、银川市东南部，地理坐标范围：E106° 28′ 00″ ~ 106° 43′ 00″、N37° 59′ 30″ ~ 38° 18′ 00″，东起鸳鸯湖、马家滩、萌城矿区，西至白芨滩东界，南起韦州矿区和萌城矿区南端的宁夏与甘肃省界，北至宁夏与内蒙古自治区界，东西宽 16 ~ 41 km，南北长约 127 km。行政隶属灵武市、盐池县、红寺堡开发区和同心县管辖。下辖 6 个乡镇，42 个行政村。主要包括灵武、横城、鸳鸯湖、马家滩、积家井、萌城、韦州、红墩子、四股泉九大矿区和甜水河、石沟驿两个独立井田及后备勘查区。

宁东基地地处鄂尔多斯台地西缘，属低缓半沙漠丘陵地带，海拔在 1 200 ~ 1 450 m 之间。总体地形由东向西和由南向北倾斜，地形相对平缓，地势开阔，但被冲沟切割。有成片的发展用地，为工业建设提供了广阔的土地资源。宁东基地是国家规划建设的大型煤炭基地、煤化工产业基地、西电东送火电基地和国家循环经济示范区，是全国能源基地的重要组成部分。宁东能源化工基地开发条件优越，特别是具有煤、水、土等资源组合发展优势，同时还临近沿黄城市带、交通便利，具有发展大型能源化工基地的独特优势。

研究区分为全域宁东基地规划区（总面积 3 484 km²）和重点区域宁东基地核心区（面积 800 km²）及太阳山能源新材料基地（面积 205.49 km²）。

2.2 自然条件

2.2.1 地理位置

宁东基地位于陕、甘、宁、蒙毗邻地区，西与宁夏首府银川市隔黄河相望，东与开发中的陕北能源化工基地、蒙西能源化工基地毗邻，地理坐标 E106° 21′ 39″ ～ 106° 56′ 34″；N37° 04′ 48″ ～ 38° 17′ 41″，规划面积 3 484 km²，是国家 13 个亿吨级煤炭基地之一，涉及灵武市、盐池县、红寺堡开发区和同心县四个县（市、区）。北部的宁东工业园区和南部的太阳山能源新材料基地开发建设项目相对比较集中。宁东能源化工基地规划区在宁东地区大体呈"I"字形分布，除矿产分布区、采煤沉陷区、城镇等占地外，共有约 1 000 km² 的成片发展用地，区域范围内人口稀少。地质资料分析表明，包括宁东能源化工基地区域在内的银川盆地，石油、天然气、煤层气等资源均有一定规模储量，加上丰富的太阳能、风能、地热等资源，具有多能互补、综合开发的优势。

2.2.2 地貌

宁东基地地处宁夏黄河东岸鄂尔多斯台地，北临毛乌素沙地南缘，南至宁南黄土丘陵北界，呈南北条带状分布的缓坡丘陵地区。海拔一般在 1 200 ～ 1 450 m 之间，罗山位于宁东基地南侧，主峰海拔 2 624.5 m。总体地形平缓，地势开阔，西部和南部较高，北部较低，略呈西南—东北方向倾斜，主要由剥蚀残山、黄土梁、坳谷洼地、半固定沙丘组成。宁东基地地面坡度组成情况为：<5° 的地区占 87.20%，在宁东基地从南到北大面积分布；5～8° 的地区占 6.26%，在区域北部零星分布；8～15° 的地区占 5.00%，主要分布在区域中北部的清水营、杨家窑和南部的狼布掌一带；15～25° 的地区占 1.42%，主要分布在区域南部的萌城一带；25～35° 的地区占 0.12%，在宁东基地南部零星分布。

2.2.3 水文气象

宁东基地附近的主要河流有黄河、黄河二级支流水洞沟、大河子沟和一级支流苦水河。其中，大河子沟是宁东基地较大河流，发源于灵武市东部的杨家窑，全河长 56 km，其下游建有旗眼山水库，控制流域面积 810 km²，总库容为 1 290 万 m³。位于宁东镇西边的鸭子荡水库总库容为 2 400 万 m³。挂井子沟是大河子沟上游北侧的支流，北与水洞沟为邻，流域面积 15 km²，旱季沟中无水断流，雨季时能形成短历时小洪水。苦水河全长 224 km，区内径流深 2.5 mm，径流量 1 200 万 m³，输沙模数 890 t/（km²·a）。

宁东基地属中温带干旱气候区，具有典型的大陆气候特征：干燥、雨量少而集中，蒸发强烈，冬寒长，夏热短，温差大，日照长，光能丰富，冬春季多风沙，无霜期短等。降雨多集中在 7、8、9 三个月，多年平均降水量为 255.2 mm，蒸发量为 2 088.2 mm。年平均气温为 6.7～8.8℃，≥10℃年平均积温为 3334.8℃，无霜期多年平均为 154 天。属于多风地区，全年大风（17 m/s 以上）日数为 63 天，年平均风速 2.5～2.6 m/s，风向多为西北风，沙尘日数为 35 天（附件 1）。

2.2.4 土壤植被

宁东能源化工基地位于毛乌素沙漠西南外缘，属荒漠、半荒漠地带，绝大部分为沙荒地和荒漠草原，宁东基地土壤类型主要是淡灰钙土和风沙土。淡灰钙土是在干旱气候和荒漠草原植被下形成的地带性土壤，成土过程的主要特点是弱腐殖质积累和钙化作用强烈。含盐量高，有机质含量低，属于不适宜开发的未利用土地。主要分布在宁东基地的北部宁东工业园区附近，土壤质地为轻壤土和中壤土；风沙土主要分布在基地中部和南部，成图母质为风积物，质地为沙土或沙壤土，有机质含量低，不足 1%，表层疏松，沙层厚度为 10～20 cm。

宁东基地植被主要以荒漠草原和草原带沙生植被为主。主要为一年生或多年生、旱生或超旱生灌木、半灌木或草本植物。这些植物多耐旱、耐寒、耐土壤瘠薄。在开发建设宁东能源化工基地的过程中相关部门十分重视生态保护与建设，按照国家生态建设要求，不断加大对宁东生态建设投入力度，逐步扩大造林规模，宁东能源化工基地的生态环境得到了极大改善。

2.3 区域社会经济及开发建设概况

宁东基地涉及 4 县（市、区）、5 镇。自开发建设以来，宁东基地的开发建设取得了长足发展，经济实力大幅提升，已成为自治区经济发展的重要引擎和全国重要的能源化工基地。到 2015 年底，累计完成固定资产投资达到 3 630 亿元；其中当年完成固定资产投资 520 亿元；实现工业总产值 830 亿元，增长 9%；工业增加值 275 亿元，增长 10%，占当年全区规模以上工业增加值的 30%；财政总收入 65 亿元，增长 15.5%，其中地方财政收入 24 亿元，下降 11%。宁东基地核心区农民已全部市民化，2015 年底，居民人均可支配收入 26 752 元，比 2011 年提高 9 174 元；实现了居民医保、社保和民政保障全覆盖；建成各类保障性住房 5 563 套，开发建设了一批地标性建筑，建成区面积达到 15 平方公里，产业工人达到 6.3 万人；大力促进就业创业，生产性、生活性服务业企业达 2 300 余家，吸纳就业人数达到 1.1 万余人；加快教育标准化建设，完善教育考评考核制度，2015 年中考升学率较 2011 年提升 13 个百分点；修建城区道路及给排水 112 公里。

宁东基地交通便利，道路四通八达，具备较为完善的交通运输网。青银、定武、银西、古青高速公路及 307、211 国道横贯基地。大古铁路连接包兰、宝中铁路，与京包、陇海线连通可辐射全国，太中银铁路银川联络线横穿基地北部，太中银铁路正线横贯宁东基地南部，即将建成的银西高铁贯通南北，形成基地的外运大通道，三新铁路将宁东基地与蒙西能源化工基地、陕北能源化工基地相连，便于能源化工"金三角"的协同。银川河东机场距基地中心区仅 30 km，是干线 4E 级机场。

3 研究目的、研究内容、创新点

3.1 研究目的

（1）对宁东基地水土保持生态环境进行监测研究，及时、全面地掌握该区域因开发建设造成的水土流失动态变化状况，同时为政府决策提供科学依据，为水土保持精准防治提供基础数据，加快宁东基地生态文明体制改革，建设美丽宁东。

（2）将新技术、新方法引入宁东基地水土保持生态环境监测，结合卫星影像、GIS 空间分析方法，不断探索适合宁东基地的水土保持监测的技术方法，可为全区水土保持技术方法提供借鉴。

3.2 研究内容

构建宁东基地水土保持生态环境变化动态监测指标体系，结合遥感尺度效应，对研究区 NDVI、卫星影像灰度与区域土地利用、土壤侵蚀进行相关性分析。

针对宁东基地水土保持生态环境变化动态监测与评价中存在的问题，重点对以下问题进行研究：

（1）卫星影像在水土保持生态环境变化中的尺度效应研究。

（2）基于高分辨率影像的宁东基地土地利用研究。

（3）基于高分辨率影像的宁东基地土壤侵蚀研究。

（4）NDVI灰度与区域土地利用、土壤侵蚀的水土保持生态环境变化研究。

（5）生物量与卫星影像灰度结合的区域生态环境变化研究。

（6）宁东基地水土保持生态环境变化动态监测评价指标体系构建及评价。

3.3 宁东基地水土保持生态环境动态变化研究创新点

（1）从遥感影像的空间尺度和时间尺度出发，研究不同影像的特点及在宁东基地研究中的适应性，支持区域土壤侵蚀模型构建，为区域水土保持监测提供适宜的遥感数据，构建精准的知识库。

（2）以国产高分辨率遥感影像为数据基础，根据宁东基地的实际情况，针对本次监测的重点并结合开发建设项目的扰动类型，在工矿用地中又细分为灰渣场、砂石料场和取弃土场等，根据光谱信息，结合纹理特征，提取高精度的研究区水土保持信息，具有一定创新。

（3）结合NDVI灰度值和土地利用、植被盖度、土壤侵蚀及干旱分析，实现水土保持监测由时间点监测向过程性监测转变，为快速、深入分析宁东基地水土保持变化提供依据。

（4）创新性的应用生态环境状况指数，根据水土保持具体情况，从不考虑环境质量指数变化和考虑环境质量指数变化两个的角度进一步分析。

4 宁东基地水土保持生态环境动态变化研究方法与技术路线

4.1 研究方法

（1）针对宁东基地水土保持生态环境研究，分析多源遥感数据在水土保持监测中的应用及其适用性，在不同专题中选用了GF-1（2.0 m）、TM（30 m）、MODIS（250 m）等遥感影像数据。

（2）基于高分辨率遥感影像，结合野外调查建立的遥感影像解译标志，在室内采用人机交互解译等方法获得土地利用数据。通过实地验证，利用土地利用数据准确判读灌木林地、草地、渣场、取弃土场等三级土地利用类型，提取遥感影像上可识别的水土保持措施情况。

（3）综合应用加权平均土壤侵蚀和土壤侵蚀强度判定方法，评价宁东基地水土流失状况。

（4）构建宁东基地 NDVI 与地上生物量的回归关系模型，利用该模型推演地上生物量，反映宁东基地水土保持生态环境状况。

（5）依据《生态环境状况评价技术规范》（HJ/T192-2015），评价宁东基地水土保持生态环境各要素动态变化状况，反映宁东基地水土保持生态环境状况。

4.2 技术路线

技术路线如图 1-1 所示。

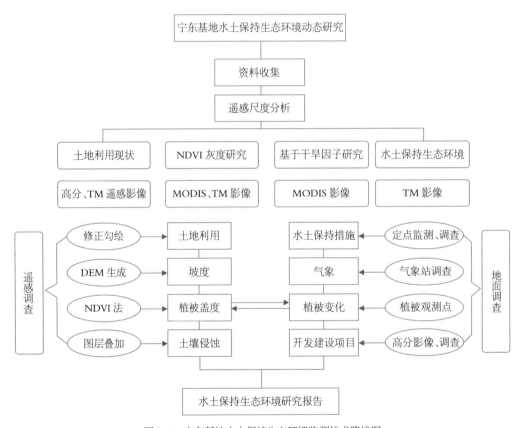

图 1-1　宁东基地水土保持生态环境监测技术路线图

第二章 水土保持生态环境监测的遥感尺度效应研究

航天和航空平台、传感器、通信以及信息处理等关键技术的飞速发展，促进了空间对地观测技术，遥感影像的空间分辨率已从 30 m、10 m，提高到今天的 2 m、1 m，军用甚至达到 0.1 m，光谱分辨率也涵盖了全色、多光谱和高光谱等多种波段类型。目前研究人员可以能够全天候、全天时、全方位、高动态地获取多时相、高光谱、多分辨率、多类型的观测数据。卫星产品从提取地物轮廓或粗略土地覆盖类型的应用，发展到能满足研究大尺度的地表区域、调查小尺度的精细农业等不同需求。

遥感应用离不开尺度研究，尺度选择关系到尺度研究中的试验设计和信息收集，是研究的起点和基础。目前遥感尺度研究主要包括空间尺度和时间尺度，在较大空间尺度上，气候和地貌对景观过程常起主导作用；在中小尺度上，植被、土壤以及人类活动等的分异作用则更加显著。景观生态学中，尺度往往以粒度（grain）和幅度（extent）来表达，空间粒度指景观中最小可辨识单元所代表的特征长度、面积或体积（如样方、像元），对于空间数据或影像资料而言，其粒度对应于像元大小，与分辨率有直接关系。因此对于遥感影像判读解译景观格局数据，不同分辨率遥感影像提取景观信息的能力和精度是不一样的。一般来说，遥感影像的分辨率越低，粒度越大，遥感影像可识别的最小斑块面积越大，类型判别能力越低、判别错误率越高。与此同时，解译的工作量投入上，高分辨率影像解译花费要高于低分辨率影像，因此在景观类型划分上要充分考虑研究区尺度、遥感影像的粒度，结合影像分辨率进行研究尺度选择和景观类型的划分。

景观类型的划分是景观格局的基础，在景观要素类型划分时，可以按土地利用农、林、牧划分；按治理对象划分；从作物管理、土壤管理以及水管理等划分，研究考虑地处中部干旱带的宁东基地，多年来基地开发建设伴随着水土保持生态恢复治理和自然恢复，区域土地利用景观受到基地开发建设、退耕还林、退牧还草等生态恢复工程措施的影响而发生改变，在景观类型划分时充分考虑以上因素。研究在讨论遥感影像尺度效应的基础上，在宁东基地全域和重点研究区两个尺度上考虑遥感尺度效应，划分景观类型时充分考虑水土保持生态恢复措施实施对地表覆被的影响，以符合该区域实际景观的生态恢复措施为土地利用分类标准进行研究。从宁东基地和两个重点研究区的两个景观格局研究空间尺度和 2015 年度及 2000—2015 年不同时间尺度，进行区域水土保持生态恢复评价与分析，构建研究区景观基础数据库。

1 研究的遥感尺度效应

1.1 遥感尺度效应

构建宁东基地水土保持生态环境变化动态监测指标体系，结合遥感尺度效应，对研究区 NDVI、卫星影像灰度及区域土地利用、土壤侵蚀进行相关性分析等研究内容分析遥感尺度效应。

尺度在不同学科中有其特殊的含义。从遥感的角度来看，尺度是从天空测量地球的空间范围空间尺度、时间间隔时间尺度。一般考虑到数据量的规模与存储能力的限制，大地理尺度的研究会采用低分辨率的遥感影像，小地理尺度的研究则采用高分辨率的遥感影像。如气候或海洋研究会选用公里级的影像数据，而城市土地的检测与调查则宜采用高空间分辨率的影像数据。

1.2 研究涉及的尺度

1.2.1 空间尺度指遥感影像的空间分辨率

（1）宁东基地尺度

对整个宁东基地 3 484 km² 的土地利用、土壤侵蚀研究，水土流失综合治理、生产建设项目进行监测分析。

（2）重点研究区尺度

两个重点区：宁东工业园区 800 km²、太阳山能源新材料基地 250.39 km²。对这两个重点区的土地利用、土壤侵蚀研究，水土流失综合治理、生产建设项目进行监测分析。

1.2.2　时间尺度指获取影像数据的时间周期

（1）突出水土保持现状的时间点

土壤侵蚀，水土流失，生产建设项目现状，表达 2015 年的水土保持现状信息。

（2）动态变化研究的时间段

生产建设项目完成前后监测：土壤侵蚀研究，水土流失综合治理、生产建设项目动态监测，项目初期，完成时间，两个以上时间对比情况分析。本研究中动态变化指的是 5 年一个周期的监测研究。

连续动态监测：通过持续动态监测，可获取规则时间间隔，本研究中动态变化指的是每隔一年的 15 年周期的连续动态监测研究，研究持续性的土壤侵蚀、植被变化、干旱数据之间的规律性，为水土保持等过程性监测提供详实的基础数据。

2　研究方法和数据来源

2.1　研究方法

研究以 ArcGIS、ENVI 软件为平台，应用多种 GIS 空间分析方法：

（1）基础数据处理、拼接裁剪。结合高分辨率遥感影像，目视、判读、解译宁东基地土地利用类型现状，裁剪研究区所需影像。

（2）以 2010、2015 年 TM 遥感影像为数据源，从中提取宁东基地 NDVI 值数据。

（3）叠加分析。应用分析模块，采用叠加分析对图层进行擦除、交集操作、图层合并和修正更新。研究还运用 3D 分析等相关空间分析模块。

（4）实地调查采样。通过实地调研构建区域土地利用、植被盖度、水土保持措施，建立判读解译标志，野外调查验证。

2.2　数据来源

本研究所需的数据主要包括遥感影像数据，土地利用数据，DEM 数据，土壤、生态分区、样地调查数据等。

2.2.1　遥感影像数据类型特点

目前市场上遥感影像数据类型繁多，获取相对容易和使用较多的遥感影像包括中等分辨率的 Landsat-8 TM 和 GF-1 高分一号（大幅宽）数据，以及高分辨率的资源三号、高分一号 ZY-3、GF-2 和 SPOT6 等遥感影像数据。

（1）高分辨率遥感影像

高分辨率卫星遥感影像是空间分辨率在 10 m 以内的卫星遥感影像，如：SPOT 系列，快鸟，2012 年以来国产高分一号 GF-1、高分二号 GF-2、资源三号 ZY-3 高分遥感影像。

高分一号 GF-1 卫星是中国高分辨率对地观测系统的首发星，突破了高空间分辨率、多光谱与宽覆盖相结合的光学遥感等关键技术，高分辨率的遥感影像上目标物的形状清晰可见，影像上地物景观的结构、形状、纹理和细节等信息都非常突出，利用高分辨率影像可以提取反映田间或坡面的地表景观特征、地貌结构、土地利用、植被覆盖、水土保持措施及其分布。

（2）中等分辨率遥感影像

TM 是美国航空航天局的"地球资源技术卫星"—— Landsat 卫星中所搭载的传感器，是太阳同步轨道卫星。陆地资源卫星遥感影像空间分辨率较高，数据更新周期较短。TM 的空间分辨率为 30 m，MSS 与 RBV 的分辨率为 80 m。

TM 影像具较高空间分辨率、波谱分辨率，极为丰富的信息量和较高定位精度。能满足有关农、林、水、土、地质、地理、测绘、区域规划、环境监测等专题分析和编制 1∶10 万或小比例尺专题图，修测中大比例尺地图的要求。

（3）连续时间，多产品的遥感影像

MODIS 是美国航空航天局 1999 年 12 月发射的 Terra 极轨飞行器上所搭载的 5 个遥感器之一。其轨道为太阳同步轨道，地面分辨率为 250 m、500 m 和 1 000 m，扫描宽度为 2 330 km。在对地观测过程中，每秒可同时获得 11 兆比特的来自大气、海洋和陆地表面信息，每两日可获取一次全球观测数据。

MODIS 多波段数据可以同时提供反应陆地、浮游植物、生物地理、化学、大气中水汽、地表温度、云顶温度、大气温度等特征的信息，用于对陆表、生物圈、固态地球、大气和海洋进行长期全球观测。

2.2.2　遥感影像数据基础资料收集

表 2-1　遥感影像信息

类型	全域影像	重点区影像	干旱研究
时间	2015.8	2015.8	2000—2015、3、7 月
监测范围	宁东基地	宁东工业园区和太阳山 新材料基地	宁东基地
影像类型	Landsat-8TM、GF-1、ZY-3	GF-1、ZY-3	Landsat TM、MODIS
分辨率	30 m、2 m、2.1 m	2 m、2.1 m	30 m、250 m

（1）全域监测影像资料

高分辨率遥感影像

包括 2015 年 GF-1（ZY-3）数据，2 m 全色和 8 m 多光谱数据各 4 景，共 8 景数据，融合结果为 4 景 2 m 分辨率的多光谱数据。

TM 遥感影像

研究采用 2010 年 8 月 30 日、2015 年 8 月 3 日的 Landsat -7 和 Landsat -8 TM 影像，分辨率为 30 m，包含 7 个波段，影像均经过辐射校正、大气校正和几何纠正，掩膜提取研究区宁东基地的数据影像，采用 432RGB 标准假彩色合成。

MODIS 遥感影像

MODIS 影像采用了 2000—2015 年分辨率为 250 m 的数据，波段序号为第 31、32 波段。2010、2015 年 MODIS 影像均已经过几何校正、大气校正和辐射校正。

（2）重点区监测影像资料

高分辨率遥感影像

包括 2015 年 GF-1（ZY-3）数据，2m 全色和 8m 多光谱数据各 4 景，共 8 景数据，融合结果为 4 景 2 m 分辨率的多光谱数据。

融合的影像经大气校正、辐射校正、几何校正后，通过投影变换等处理后获得更加精确和丰富的纹理等特征，影像保留原多光谱信息，改善分类精度，提高土地利用变化的监测能力。最后按掩膜提取或图廓裁切得到所需宁东工业园和太阳山能源新材料基地影像。

DEM 数据

DEM 数据是按照我国标准数据生产流程而生成的 1∶5 万（25 m×25 m 分辨

率）DEM 数据。

2.3 数据处理

（1）遥感数据进行预处理

以 ArcGIS10.2、ENVI5.2 为软件平台，对宁东基地卫星遥感数据进行预处理，对 DEM 数据进行加工，对遥感影像进行分类处理，如几何纠正、重采样、解译、矢量化、面积统计等。

（2）遥感数据坐标系统处理

由于数据源的多样性，收集的各类数据的空间参考系统不一致时，需要对数据进行定义投影、投影变换。本研究数据采用 2000 国家大地坐标系，具体如下：

投影：高斯 – 克吕格（Gauss–Kruger）

坐标系统：CGCS2000 国家大地坐标系

高程基准：1985 国家高程基准

3 土地利用类型分类体系

3.1 参考土地利用类型划分

土地利用类型是土地利用结构、土壤侵蚀等分析的基础，研究地区在研究尺度上可分辨的相对同质地理单元。土地利用的划分是水土保持监测的基础，研究参考 GB/T21010 —2007《土地利用现状分类》和 1984 年制定的《土地利用现状调查技术规程》，土地利用划分标准结合宁东基地水土保持监测需要将土地利用划分为 2-2 表中包含的三级土地利用分类及含义。

3.2 宁东基地土地利用类型分类

依据《高分遥感水土保持应用研究》中水土保持高分遥感土地利用类型与编码，结合表 2-1，根据宁东基地的实际情况，对部分地类进行了归并与调整，区域监测分到二级类。为了便于对比，在未利用土地中分到三级类。重点区监测分到三级类，同时针对本次监测的重点并结合开发建设项目的扰动类型，在工矿用地中又细分为灰渣场、堆煤场、砂石料场、取弃土场和厂房及办公用地等。宁东基地土地利用类型分类表如 2-3 表所示。

表 2-2　土地利用类型初步分类表

一级类		二级类		三级类		含　义
编号	三大类名　称	编号	名　称	编号	名　称	
1	农用地					指直接用于农业生产的土地，包括耕地、园地、林地、牧草地及其他农用地。
		11	耕地			指种植农作物的土地，包括熟地、新开发复垦整理地、休闲地、轮歇地、草田轮作地；以种植农作物为主，间有零星果树、桑树或其他树木的土地；平均每年能保证收获一季的已垦滩地和海涂。耕地中还包括宽度小于 2.0 m 的沟、渠、路、林和田埂。
				113	水浇地	指水田、菜地以外，有水源保证和灌溉设施，在一般年景能正常灌溉的耕地。
				114	旱　地	指无灌溉设施，靠天然降水种植旱作物的耕地，包括没有灌溉设施，仅靠引洪淤灌的耕地。
		12	园地			指种植以采集果、叶、根茎等为主的集约经营多年生木本和草本作物（含其苗圃），覆盖度大于 50% 或每亩有收益的株数达到合理株数 70% 的土地。
		13	林地			指生长乔木、竹类、灌木、沿海红树林的土地。不包括居民点绿地及铁路、公路、河流、沟渠的护路、护岸林。
				131	有林地	指树木郁闭度 ≥20% 的天然、人工林地。
		14	灌木林地			指种植柠条等半灌丛的草地。
2	建设用地	20	建筑用地			指建造建筑物、构筑物的土地。包括商业、工矿、仓储、公用设施、公共建筑、住宅、交通、水利设施、特殊用地等。
				201	建城镇	
				202	农村居民点	
				203	独立工矿用地	
				204	特殊用地	
		26	交通运输用地			指用于运输通行的地面线路、场站等用地，包括民用机场、港口、码头、地面运输管道和居民点道路及其相应附属设施用地。
				261	铁路用地	指铁道线路及场站用地，包括路堤、路堑、道沟及护路林；地铁地上部分及出入口等用地。
				262	公路用地	指国家和地方公路（含乡镇公路），包括路堤、路堑、道沟、护路林及其他附属设施用地。
		27	水利设施			指用于水库、水工建筑的土地。
				271	水库水面	指人工修建总库容 ≥10 万立方米，正常蓄水位以下的面积。

一级类		二级类		三级类		含　义
编号	三大类 名　称	编号	名　称	编号	名　称	
3	未利用地		指农用地和建设用地以外的土地。			
		31	未利用土地			指目前还未利用的土地，包括难利用的土地。
				314	沙地	指表层为沙覆盖，基本无植被的土地，包括沙漠，不包括水系中的沙滩。
				315	裸土地	指表层为土质，基本无植被覆盖的土地。
				317	其他未利用土地	指包括高寒荒漠、苔原、沼泽、盐碱地等尚未利用的土地。
		32	其他土地			指未列入农用地、建设用地的其他水域地。
				321	河流水面	指天然形成或人工开挖河流常水位岸线以下的土地。
				322	湖泊水面	指天然形成的积水区常水位岸线以下的土地。

表 2-3　宁东水土保持土地利用类型分类表

一级类		二级类		三级类		
三大类名称	编号	名称	编号	名称		
1 农用地	11	耕地	113	水浇地		
			114	旱地		
	12	园地				
	13	林地	131	有林地		
			132	灌木林地		
			133	疏林地		
	14	牧草地	141	天然草地		
			142	人工草地		
2 建设用地	20	居民点及独立工矿用地	202	建制镇		
			203	农村居民点		
			204	独立工矿用地	2041	灰渣场
					2042	取弃土场
					2043	砂石料场

续表

一级类		二级类	三级类			
三大类名称	编号	名称	编号	名称		
2 建设用地	20	居民点及独立工矿用地	204	独立工矿用地	2044	堆煤场
					2045	厂房及办公用地
	26	交通运输用地	261	铁路用地		
			262	公路用地		
			265	管道运输用地		
	27	水利设施用地	271	水库水面		
3 未利用地	31	未利用土地	313	盐沼		
			314	沙地		
			315	裸土地		
	32	其他土地	321	河流水面		

3.3　野外建立判读解译标志

野外建立判读解译标志，调查验证，室内目视判读的初步结果，需要进行野外调查验证，检验目视判读的质量和精度。对于详细判读中出现的疑难点、难以判读的地方在野外验证过程中补充判读，主要包括两方面。

（1）检验专题解译中图斑的内容是否正确。检验方法是将专题图图斑对应的地物类型与实际地物类型相对照，看解译的是否准确。由于图斑很多，一般采取抽样检验方法进行检验。

（2）验证图斑界线是否定位准确，并根据野外实际考察情况修正目标地物的分布界线。

针对全部 23 种土地利用类型，选取了 346 个解译图斑进行野外验证。根据野外验证，对解译结果进行再修正，修正后解译正确率达到 98.5%。部分采样表、验证表如表 2-4 所示（验证数据见附件 2、附件 3）。

表 2-4　2015 年宁东基地判读标志采样数据（部分）

图斑号	坐标	土地利用类型	遥感影像	验证照片	说明
1139	106° 34′ 37.373″ E 37° 26′ 56.164″ N	疏林地			呈点状，形状不规则；色调较均匀
493	106° 34′ 27.692″ E 37° 25′ 34.038″ N	湖泊			蓝色为主，夹杂灰色；色调较均匀
1179	106° 35′ 3.537″ E 37° 26′ 23.562″ N	有林地			呈点状，形状不规则，边界清晰；色调较均匀
631	106° 35′ 45.143″ E 37° 26′ 27.037″ N	天然草地			淡绿色或青灰色；形状不规则，边界不明显；色调不均匀
534	106° 34′ 32.481″ E 37° 25′ 59.848″ N	建制镇			绿、灰白色相间，夹杂深灰色条带；内部网格明显、形状规则
650	106° 36′ 39.64″ E 37° 26′ 22.385″ N	盐沼			蓝色为主，夹杂灰白色；边界呈现亮白色
512	106° 33′ 9.73″ E 37° 25′ 53.632″ N	河流水面			蓝绿色与灰白色相间；宽窄不一、且多分支、弯曲条带状

表 2-5　2015 年宁东基地土地利用类型野外验证表（部分）

序号	坐标 X	坐标 Y	判读地类	判读地类代码	判读正误	实际地类	实际地类代码
1	106° 35′ 21.285″	37° 25′ 35.137″	有林地	131	正确		
2	106° 36′ 21.971″	37° 24′ 06.902″	水浇地	113	正确		
3	106° 36′ 10.063″	37° 24′ 42.041″	农村居民点	202	正确		
4	106° 34′ 52.829″	37° 25′ 17.920″	有林地	131	正确		
5	106° 33′ 56.953″	37° 24′ 02.447″	堆煤场	2044	正确		
6	106° 37′ 26.301″	37° 25′ 51.157″	有林地	131	正确		

序号	坐标 X	坐标 Y	判读地类	判读地类代码	判读正误	实际地类	实际地类代码
7	106° 35′ 03.092″	37° 26′ 17.400″	灌木林地	132	错误	有林地	131
8	106° 34′ 17.773″	37° 24′ 59.736″	湖泊	203	正确		
9	106° 32′ 19.653″	38° 12′ 10.171″	天然草地	141	正确		
10	106° 32′ 30.414″	38° 12′ 06.290″	独立工矿用地	203	正确		
11	106° 32′ 02.585″	38° 12′ 04.699″	独立工矿用地	203	正确		
12	106° 34′ 29.028″	37° 26′ 37.696″	取弃土场	2042	正确		
13	106° 32′ 17.953″	37° 25′ 57.964″	建制镇	201	正确		
15	106° 36′ 19.296″	37° 26′ 21.001″	盐沼	313	正确		
16	106° 31′ 30.315″	38° 13′ 36.605″	疏林地	133	正确		
17	106° 35′ 21.500″	38° 11′ 20.448″	灌木林	132	正确		

4 土地利用类型遥感影像特征分析

4.1 不同分辨率遥感影像特征分析

对于目前研究区的遥感数据 TM30 m、GF-1 高分影像 2.0 m、MODIS250 m 以宁东工业基地为例,根据宁东工业基地土地利用数据,通过将外业调查和随机抽取动态图斑进行重复判读分析相结合的方法,选择同一地点,不同分辨率的遥感影像。

按生态恢复景观类型初步分类表分析高分辨率遥感影像和中低分辨率遥感影像的影像特征,对比不同分辨率遥感影像的空间尺度适应性,为不同尺度分析提供科学合理的数据源。

4.2 不同分辨率遥感影像判读规律分析

根据建立的 GF-1 (2.0 m)、TM (30 m)、MODIS (250 m) 影像判读标志,按土地利用类型分类表分析高分辨率遥感影像和中分辨率遥感影像的影像特征,对比不同粒度的遥感影像的空间尺度适应性,对宁东工业基地水土保持生态环境遥感监测,基于宁东水土保持土地利用类型分类表中的土地利用类别,不同分辨率影像判读规律如下:

(1) 随着遥感影像粒度增大,像元增大,能识别的最小地物面积将增大,斑块面积较小的地物，如水域、居民地等随着遥感影像粒度增大，分辨率降低而不易判别。如 TM 影像只能识别相对面积较大的地物，如牧草地、耕地。在重点研究区，TM 影像的纹理信息已经不能判断取弃土场、砂石料场、堆场、沙地、裸地等地类。

（2）随着遥感影像粒度变小，分辨率的提高，应用高分辨率遥感影像如 GF-1 能分辨出的土地利用类型可以达到土地利用三级分类。如生态恢复的工程措施、林草措施，开发建设项目的扰动类型灰渣场、砂石料场、取弃土场和厂房及办公用地等也能分辨出来。

（3）由于高分辨率遥感影像费用较高，影像判读更为费时费力，相对来说适合小面积区域高精度的判读解译要求。TM 和 MODIS 影像获取容易，成本低，时间序列长，所以适合较长时间尺度，连续动态和宏观的监测与研究。

4.3 遥感影像尺度适应性分析

根据遥感信息源的尺度效应，本研究分别选用高分辨率遥感影像、TM 影像和 MODIS 数据分析，判读不同研究要求的土地利用类型数据，利用遥感影像结合实地调查数据分析。根据野外建立的 GF-1、ZY-3 高分辨率遥感影像和 TM 遥感影像对同一地类特征分析，不同分辨率的遥感影像呈现以下特征。

（1）对宁东工业基地水土保持生态评价遥感监测，随着遥感影像粒度变小，分辨率的增大，能分辨出土地利用类型、生态恢复的工程措施、林草措施。

（2）空间分辨率不同情况下，斑块面积较小的类型，如水域、居民地等随着遥感影像粒度增大，分辨率降低而不易判别。随着遥感影像粒度增大，像元增大，能识别的最小地物面积将增大，只能识别相对面积较大的类型。

（3）在重点研究区尺度，TM 影像的纹理信息已经不能判断取弃土场、砂石料场、堆场、待建地、沙地、裸地等地类。因此该类景观只能建立在的高分辨率遥感影像基础上。但是由于高分辨率遥感影像费用较高，判读结果更为费时，相对来说适合小尺度区域高精度的判读解译要求。而 TM 影像可以免费下载，大的时间尺度上宏观分析研究选择 TM 影像可以满足研究要求。

（4）中、低分辨率遥感影像覆盖面广，价格便宜，数据量小且处理快捷；高分辨率遥感影像空间分辨率高，能够监管项目扰动的更多细节，但价格较高，数据量大，处理速度慢。

中等分辨率遥感影像适用于涉及面积较大生产建设项目扰动的动态变化监管，以及省、市级范围的大区域动态变化监管工作。高分辨率遥感影像适用于各尺度生产建设项目扰动的动态变化监管；高分辨率数据适用于县（区）级范围的动态变化监管。

（5）重点研究区小尺度范围监测利用适应高空间分辨率，地方性监测利用适应陆地卫星影象空间分辨率，较大区域监测利用适应陆地卫星空间分辨率或者气象卫星影像空间分辨率。

在本次宁东基地水土保持生态环境动态监测与研究中，利用高分辨率遥感影像GF-1，对重点研究的开发建设项目的扰动类型中的灰渣场、砂石料场和取弃土场等获取精确信息；利用 TM 影像数据做长时间、多时相遥感数据对宁东基地水土流失动态分析；应用 MODIS 数据满足对干旱等连续的分季节进行分析需求。

4.4　不同尺度土地利用数据库建立

研究为宁东基地尺度和重点研究区尺度，根据遥感数据判读精度以及分析要求将两个尺度的土地利用覆被数据判读解译，建立宁东基地、重点研究区尺度基本土地利用数据库。

4.4.1　宁东基地尺度

采用的表 2-6 中国家土地利用一级分类方法，在宁东基地尺度上将宁东基地土

表 2-6　土地利用覆盖分类系统

一级类	二级类	
三大类名称	编号	名称
1 农用地	11	耕地
	12	园地
	13	林地
14	14	牧草地
2 建设用地	20	居民地及独立工矿用地
	26	交通运输用地
	27	水利设施用地
3 未利用地	31	未利用土地

地利用覆被分为 6 大类：耕地、林地、草地、水域、城镇建设用地和未利用土地。宁东基地土地利用分类，选择 1995、2000、2005、2010、2015 时间段，应用 TM 影像建立宁东基地土地利用数据库。

根据土地一级分类，宁东基地土地利用覆盖类型分为 6 大类：耕地、林地、草地、水域、城镇建设用地和未利用土地，各类型主要特征见表 2-7 目视判读解译。

表 2-7　宁东基地土地利用 / 覆被分类解译标志

景观类型	RGB4、3、2 中表示	特　征
耕地		亮度较亮，颜色呈红色、淡红色，形状规则，呈条状或块状，纹理疏散
林地		亮度亮，颜色呈深红、紫红、浅红色，棕红色、红褐色，内部色调较不均匀，表面较光滑或粗糙，形状为大斑块，纹理疏散。
牧草地		亮度较暗，呈褐色、浅红、绿色，内部色调不均，边界不明显，形状不规则，纹理疏散、不均匀
水利设施用地		亮度较暗，颜色呈蓝黑色、灰绿色、黑色，内部色调均匀，表面较光滑，边界清晰，宽窄不一，流线状弯曲长条状，纹理紧密均匀
居民地及独立工矿用地		亮度亮，颜色青灰色，内部色调不均，表面较光滑，形状不规则的斑块，纹理紧密
未利用土地		淡黄绿色带有白色，内部色调不均，边界不明显，形状不规则，纹理疏散、不均匀

根据宁东基地 1995、2000、2005、2010、2015 年土地利用数据，及土地利用与植被盖度图进行分类，对宁东基地 1995—2015 年土地利景观基本情况进行分析。

4.4.2　重点研究区尺度

应用表 2-3 中的分类标准，结合表 2-4 土地利用解译标志，以宁东工业园区和太阳山新材料基地重点研究区 2000、2007、2010、2015 时间段，2015 年 GF-1（ZY-3）影像根据分类建立遥感判读解译标志，构建宁东工业园区和太阳山新材料基地重点研究区土地利用基础数据库。

4.4.3 基于干旱和生物量研究的尺度

MODIS 数据的空间分辨率主要有以下 3 种：1 000 m、500 m、250 m。宽视域扫描，扫描宽度为 2 330 km，每秒可以同时获得大量的关于大气、海洋、陆地表面的信息。MODIS 8 个通道热红外数据最适合应用于地表温度反演的第 31、32 波段的数据，是农业旱灾监测中地表温度反演的通用数据。本研究使用的是 MODIS NDVI 250 m 产品。如图 2-1，2-2 所示。

图 2-1 宁东基地 3 月部分 MODIS NDVI 灰度图

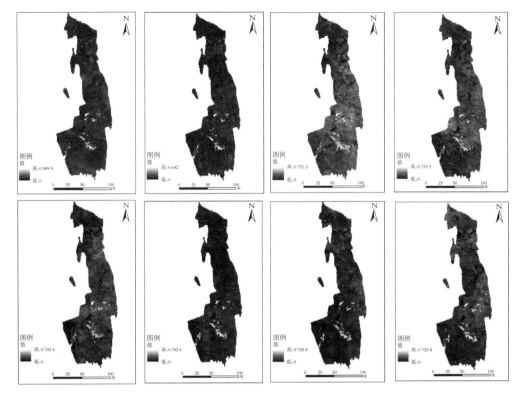

图 2-2 宁东基地 7 月部分 MODIS NDVI 灰度图

5 结论

5.1 不同遥感影像适应性

对于研究要求不同，分为区域尺度研究，以宁东基地为研究区，遥感数据选择TM，对应 DEM 也选择 1∶5 万；重点研究区尺度应选择高分辨率影像，尤其是对重点研究区以园区建设造成的扰动为重点研究内容，同时能够判读渣场、堆场等地类，为重点区域水土保持生态环境动态研究提供合适的数据源。

（1）区域动态变化监测

TM 影像适合区域格局变化研究，本次研究中适合宁东基地宏观监测，土地利用分类采用一级分类的情况，对应土壤侵蚀、植被盖度计算，可以快速在宏观上分析该区域大时间尺度上生态恢复的效果。

针对宁东基地水土保持生态环境监测的需要，生产建设项目动态监测，提取水土保持相关信息如人工林草地、灰渣场、取弃土场、砂石料场、堆煤场等，斑块面积较小，在 TM 等中低分辨率影像上难以反映，提取水土保持敏感区特征信息应采用高分辨率遥感影像。

（2）阶段性动态变化监测

根据对宁东基地水土保持生态环境监测研究的要求，结合研究的需要，NDVI 与土壤侵蚀强度的关联性分析、卫星影像灰度分析法在评价区域水土保持生态环境变化中的应用、水土保持生态环境质量评价等方面应使用中等分辨率的 TM（30 m）影像适合阶段性对比分析。

（3）长时间尺度研究

根据对宁东基地水土保持生态环境监测研究的要求，基于宁东干旱特点的水土保持生态环境变化研究，需要研究 15 年时间尺度持续气象要素对宁东基地水土保持影响，可以采用低分辨率 MODIS 数据，其时间分析中的优势，可以快速、宏观地分析该区域连续时间尺度上生态恢复与气候的关系。

5.2　水土保持土地利用高分遥感影像知识库构建

高分辨率遥感数据精度高，能为本次宁东基地水土保持土地利用标志库构建提供空间精确的基础数据，构建水土保持土地利用知识库，进行区域土壤侵蚀调查，为水土保持生态环境效益评价提供数据，为未来水土保持生态环境动态监测提供土地利用的知识库。

5.3　采用以高校为技术支撑单位的合作模式

利用高校研究技术优势和专业人员资源丰富的特点，弥补高分辨率遥感影像判读的时间效率缺点，提供新的服务地方的研究模式。

6　讨论

不同高分辨率的遥感数据为水土保持监测研究的不同应用提供合理的数据，特别是水土流失及其治理信息的采集与处理方面。

（1）积极综合利用各种分辨率遥感影像数据及产品。TM 影像对区域格局提取分析，高分辨率遥感影像的显著特点是地物的空间特征更加丰富，比如形状、面积、纹理等，对水土保持敏感区信息提取具有优势；MODIS 数据有时间优势，快速、宏观地分析该区域连续时间尺度上水土保持监测、分析。如何将这些特征用于影像的分割当中，建立更有效的同质性或异质性标准，还需要展开进一步的实验研究。

（2）高分辨率遥感影像的应用是未来趋势，可以为水土保持提取提供必要分辨率保证。基于高分辨率遥感影像，可以提高日常水土保持监督检查工作的针对性和效率，同时利用信息化管理系统实现了遥感调查数据和现场检查成果的空间化管理，提高生产建设项目水土保持工作的管理水平。

（3）基于遥感影像的地理信息自动提取将是当前乃至以后的研究目标。智能方法、软件计算等相关理论与方法是实现该目标的有效途径，而如何使各自优势在遥感信息提取过程中得以充分发挥仍然需要进行深入的分析和研究。

（4）积极发展遥感技术特别是高分辨率遥感技术，建立高精度的遥感样本知识库，加快自动提取技术与思路的突破，建立遥感产品规范，解决水土保持行业生产实践中生产建设项目、治理措施以及土壤侵蚀等业务问题，是提高水土保持业务技术手段、改进行业管理方法、加强行业监管水平的重要途径之一。

第三章　基于高分影像的宁东基地土地利用应用研究

利用遥感影像的宏观性、实时性等优势进行国土资源的变化监测，是遥感影像分析和应用领域的研究热点。研究者和工作部门借助遥感的多传感器、多时相的特点，利用同一地区不同时相的遥感数据，实现较大尺度上（国家级、省级、地区级）土地利用动态监测。近年来，特别是利用中分辨率的 TM（30 m）影像进行土地利用变化动态监测，相关研究取得了大量成果，与之相关的分类方法和技术路线已经成熟。

在宁东能源化工基地这类重点工业开发区进行水土保持土地利用动态监测和变更调查，若基于中低分辨率影像进行，则由于其像元的尺度效应，很难分辨土地开发和土地利用的具体类型，难以达到要求的监测精度。随着遥感技术的发展，高分辨率卫星遥感影像的出现，高空间分辨率、多光谱与高时间分辨率结合的光学遥感技术日趋成熟，能够在较小空间尺度上观察地表的细节变化，进行大比例尺遥感制图，让监测工业企业建设、生产活动对环境的影响成为可能。采用传统的遥感影像判读识别模式用于高分影像，进行土地利用分类，不能充分发挥高分影像的优势。如何更有效的利用高分影像高空间分辨率、多光谱与高时间分辨率的特点，需要有新的研究与尝试。

因此，应用高分辨率卫星影像进行水土保持监测的研究现在逐步开展，特别是高分影像在水土保持的规划、治理、监督等方面的应用越来越得到重视，成为一种新的水土流失监测手段。

针对宁东基地水土保持生态环境动态监测要求，本项目选用 GF-1 国产高分辨率遥感影像为工作影像基础，按照宁东基地水土保持土地监测需求，依据 GB/T21010-2007《土地利用现状分类》和1984 年制订的《土地利用现状调查技术规程》土地利用划分标准，对宁东基地土地利用现状进行了调查。本项目根据实际情况，针对宁东基地工矿多、开发建设项目扰动复杂的特点，在工矿用地的基础上，又将其细分为厂房与办公区、灰渣场、砂石料场和取弃土场。最后，基于高分辨率遥感影像构建了宁东基地水土保持土地利用基础数据库，全面监测水土保持扰动较大的点、区。

1 数据来源与研究方法

1.1 数据来源及技术流程

（1）遥感影像

2015 年 8 月 GF-1（2.0 m）、ZY-3（2.1 m）高分辨率遥感影像。

空间数据的坐标系统：

投影：高斯－克吕格（Gauss-Kruger）

坐标系统：CGCS2000 国家大地坐标系

高程基准：1985 国家高程基准

工作软件：ENVI5.2、eCoginition、ArcGIS10.2

（2）工作流程

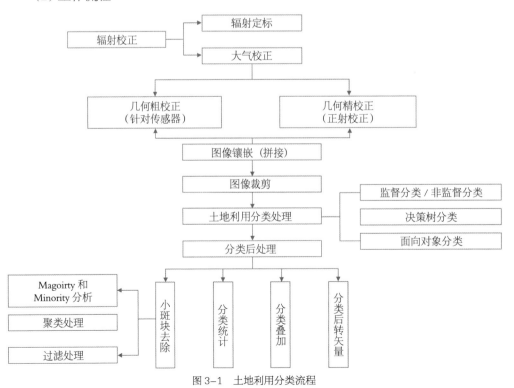

图3-1 土地利用分类流程

1.2 解译标志的建立

1.2.1 建立方法

（1）搜集资料，掌握情况

在建立解译标志之前，先查询资料，通过统计年鉴、经济发展规划等，初步掌握该区内主要生产建设项目，草地，未利用地的类型、数量及大致分布。尤其要摸清区域内生产建设项目情况。

（2）通读影像，注明疑点

根据项目位置和遥感影像，总结不同地物的影像特征，对不同地物从色调、色彩、形状、纹理等方面构建一个基本认识，并举一反三进行强化。对有异议的扰动图斑，要及时标记地理位置，结合周围图斑进行初步推测并标注，留待现场调查时确认。

（3）合理归类，大体区分

不同地物存在相同或相似的色调纹理等特征，因此在野外调查之前，先对遥感影像上的生产建设项目按扰动类型进行整理，野外调查时再确定最终项目归属。参照土地利用现状调查分类系统采用《土地利用现状分类》（GB/T21010-2007）和1984 年制订的《土地利用现状调查技术规程》土地利用划分标准，根据宁东基地的实际情况，对部分地类进行了归并与调整，区域监测分到二级类。为了便于对比，在未利用土地中分到三级类。重点区监测分到三级类，同时针对本次监测的重点并结合开发建设项目的扰动类型，在工矿用地中又细分为灰渣场、砂石料场和取弃土场等。

1.2.2 解译标志库的构建

2016 年 7 月、2017 年 3-6 月，课题组成员在宁东基地进行实地调查，对影像解译过程中不易分辨的图斑，按实际景观类型在图纸上进行勾绘并记录空间位置和生态恢复措施信息，建立目视解译标志。分类编码入库，高分影像解译标志基础数据库见表 3-1（附件 2 解译）。同时，为了提高解译精度，进行野外判读点验证见表 3-2（附件 3 解译）。

表 3-1　2015 年宁东基地判读标志采样数据

图斑号	坐标	土地利用类型	遥感影像	验证照片	说明
1139	106° 34′ 37.373″ E 37° 26′ 56.164″ N	疏林地			呈点状，形状不规则；色调较均匀
493	106° 34′ 27.692″ E 37° 25′ 34.038″ N	湖泊			蓝色为主，夹杂灰色；色调较均匀
1179	106° 35′ 3.537″ E 37° 26′ 23.562″ N	有林地			呈点状，形状不规则，边界清晰；色调较均匀
631	106° 35′ 45.143″ E 37° 26′ 27.037″ N	天然草地			淡绿色或青灰色；形状不规则，边界不明显；色调不均匀
534	106° 34′ 32.481″ E 37° 25′ 59.848″ N	建制镇			绿、灰白色相间，夹杂深灰色条带；内部网格明显、形状规则
650	106° 36′ 39.64″ E 37° 26′ 22.385″ N	盐沼			蓝色为主，夹杂灰白色；边界呈现亮白色
512	106° 33′ 9.73″ E 37° 25′ 53.632″ N	河流水面			蓝绿色与灰白色相间；宽窄不一、且多分支、弯曲条带状
1173	106° 33′ 28.374″ E 37° 23′ 58.678″ N	堆煤场			黑灰色为主，呈现不规则斑状，质地粗糙，不光滑
262	106° 34′ 50.52″ E 38° 10′ 26.372″ N	公路用地			呈白色或土黄色，边界明显，距离长，宽度又是变化，弯曲部分曲率半径小，弯度大
261	106° 45′ .025″ E 38° 5′ 18.855″ N	铁路用地			线条宽度固定，呈白色或土黄色，大部分地段比较笔直，弯曲部分曲率半径大，弯度小

续表

图斑号	坐标	土地利用类型	遥感影像	验证照片	说明
271	106° 31′ 53.745″ E 38° 9′ 22.088″ N	水库水面			水面一般呈墨绿色或蓝色块状，表面平滑光亮；界线分明
	106° 30′ 53.736″ E 37° 42′ 41.703″ N	风电工程			呈点状分布，较为集中，多表现为土黄色，点与点之间常有道路相连
	106° 45′ 58.909″ E 38° 9′ 41.82″ N	光辐工程			影像特征十分明显，可以看到长条形的光伏板规则排列在山坡上，颜色呈现蓝色

表 3-2　2015 年宁东基土地利用地野外验证（部分）

序号	坐标 X	坐标 Y	判读地类	判读地类代码	判读正误	实际地类	实际地类代码
1	106° 35′ 21.285″	37° 25′ 35.137″	人工草地	142	错误	有林地	131
2	106° 36′ 21.971″	37° 24′ 06.902″	水浇地	113	正确	—	—
3	106° 36′ 10.063″	37° 24′ 42.041″	农村居民点	202	正确	—	—
4	106° 34′ 52.829″	37° 25′ 17.920″	旱地	114	错误	有林地	131
5	106° 33′ 56.953″	37° 24′ 02.447″	堆煤场	2044	正确	—	—
6	106° 37′ 26.301″	37° 25′ 51.157″	园地	12	错误	有林地	131
7	106° 36′ 16.490″	37° 26′ 04.342″	天然草地	141	错误	灌木林地	132
8	106° 34′ 17.773″	37° 24′ 59.736″	湖泊	203	正确	—	—
9	106° 32′ 19.653″	38° 12′ 10.171″	天然草地	141	正确	—	—
10	106° 32′ 30.414″	38° 12′ 06.290″	独立工矿用地	203	正确	—	—
11	106° 32′ 02.585″	38° 12′ 04.699″	独立工矿用地	203	正确	—	—
12	106° 34′ 29.028″	37° 26′ 37.696″	取弃土场	2042	正确	—	—
13	106° 32′ 17.953″	37° 25′ 57.964″	建制镇	201	正确	—	—
15	106° 36′ 19.296″	37° 26′ 21.001″	盐沼	313	正确	—	—
16	106° 31′ 30.315″	38° 13′ 36.605″	有林地	131	错误	蔬林地	133
17	106° 35′ 21.500″	38° 11′ 20.448″	灌木林	132	正确	—	—

1.3 高分遥感影像解译方法

1.3.1 高分遥感影像预处理

遥感影像的预处理是指影像数据的纠正与重建的过程，主要是纠正遥感影像成像过程中，由于传感器外在原因（如卫星姿态的变化、卫星的高度和速度、日照角度、大气运动等）造成的遥感影像的几何畸变与变形、光谱变异。理论上讲，预处理能校正影像上的误差，提高影像的质量，为后续的正确判读和分析打好基础。

预处理操作主要包括：辐射校正、大气校正和几何校正。预处理完成后，再根据不同的应用目的对遥感影像进行增强处理和分类处理。然后采用合适的方法识别研究目标对象，提取目标空间分布信息。本研究主要提取的是宁东基地的土地利用信息。

1.3.2 影像对象的分类技术方法

影像对象的分类方法主要有目视解译（手动分类）与计算机自动分类两种。目视解译通过结合各种非遥感信息资料，根据样本的影像特征和空间特征（形状、大小、纹理、位置、阴影、图型和布局），并运用生物地学等相关规律，采用对照分析的方法，由此及彼、由表及里、去伪存真的综合分析和逻辑推理。目视解译采用人工作业屏幕数字化的方法，效率低，过程非常繁琐与漫长，受主观因素干扰大，质量难以保证，成本也相应上升。不过，目视解译对特殊地物的判读较有优势。

与目视解译相比，计算机自动分类受人为因素的影响较少，分类速度较快。常规的遥感影像计算机自动分类方法有监督分类和非监督分类两种。

监督分类：又称训练区分类法，最基本的特点是在分类之前通过实地的抽样调查，配合人工目视判读解译，对遥感影像中选取的样区地物的类别属性有了预判，计算机就按照这些已知类别的特征去"训练"判决函数，以此完成对整个影像的分类过程。

非监督分类：依据遥感影像中地物的光谱特征分布规律，随机进行分类，分类的结果只对不同的类别进行了区分，并不确定类别的属性，类别的属性是通过分类后对各类的光谱响应曲线进行分析，并在实地调查验证后确定。尽管非监督分类受人为因素的影响较少，不需要事先对地面有太多实际的了解，但由于"同谱异质""同质异谱"以及混合像元等现象的存在，有些专家认为非监督分类的结果不如监督分类令人满意，不适合于精确分类，只适用于影像的初步分类。与非监督分类相比，监督分类有一定的优势性，但分类结果也存在一定的错分、漏分现象，导致分类精度降低。

1.3.3　面向对象的分割技术

为了突破传统的分类方法，提高高分辨率遥感影像的分类精度，在传统的影像分类方法基础上，面向对象的分类技术应运而生，其重要的特点是分类的最小单元不再是单个的像素，而是由影像分割后得到的同质影像对象（图斑）。面向对象遥感影像分类的基本原理是依据像元的光谱、纹理、形状等特征，把具有相似特征的像元组成一个影像对象，接着根据每个对象的特征对影像对象再进行分类。其分类的一般步骤是对预处理后的遥感影像进行分割，得到同质对象，使得分割后的对象满足下一步分类或目标地物提取的要求，再根据遥感分类或目标地物提取的具体要求，检测和提取目标地物的多种特征，如光谱、形状、纹理、阴影、空间位置、相关布局等，建立分类体系，最后采用模糊分类算法，实现地物类别信息提取的目的。

遥感影像的计算机分类分为硬分类和软分类。硬分类是指遥感图像中某个像元完全的属于某一个类别，而软分类是指遥感图像中某个像元依照隶属度属于某几个类别。由于遥感图像中混合像元现象的普遍存在，而直接把混合像元分为某一类是不准确的，尤其是在低分辨率的遥感图像中，由于混合像元的大量存在，导致硬分类的分类精度较低。而软分类充分考虑混合像元的存在，按照隶属度将像元分几个类别，再参考其他的判断规则来最终确定像元的类别，这样可以有效提高分类精度。

1.3.4　遥感解译方法

本项目首先基于 GF-1 高分影像，利用面向对象分类和人工交互解译相结合的方式对宁东基地图斑进行解译，根据遥感影像特征进行野外抽样调查，建立土地利用知识库；其次，利用易康（eCoginition）软件对遥感影像进行几何图斑自动分割，参考知识库进行分类，得到宁东基地水土保持土地利用初步解译结果；最后，对初步解译结果逐个图斑进行人工复核，以 GF-1 遥感影像底图，叠加初步解译图层，对分类错误的图斑重新修正，补充漏分的图斑。另外，在划分土地利用的基础上，项目组还根据植被盖度标志库的划分要求，对每块图斑进行了盖度信息提取。

2 利用高分辨率遥感影像的宁东基地土地利用分析

2.1 2015 年宁东基地土地利用现状及变化

2.1.1 土地利用现状

2015 年宁东基地的土地利用类型以农用地为主，面积为 3 013.07 km²，占宁东基地总面积的 86.49%。农用地中又以草地为主，面积 2 023.97 km²，占宁东基地总面积的 58.10%。耕地的面积为 591.75 km²，占宁东基地总面积的 16.98%，林地面积为 389.01 km² 里，占宁东基地总面积的 11.17%。

宁东基地建设用地的面积为 287.87 km²，占宁东基地总面积的 8.26%。其中独立工矿用地占地面积最大，面积为 144.65 km²，占基地总面积的 4.15%；建制镇面积为 24.75 km²，占基地总面积的 0.71%；农村居民点的面积为 51.58 km²，占基地总面积的 1.48%。

宁东基地未利用地面积为 182.77 km²，占基地总面积的 5.25%。其中沙地面积最大，面积为 94.93 km²，占基地总面积的 2.72%。裸土地占基地总面积的 0.54%；盐沼的面积占基地总面积的 1.09%。水域包括河流水面、湖泊，总面积为 30.91 km²，占基地总面积的 0.89%。

2.1.2 土地利用变化

与 2010 年相比，宁东基地土地利用整体稳定，局部变化，不论从地类比例，还是空间分布，都体现出稳定和有序。整体来看，土地利用景观格局稳定，农用地增加了 3.05 km²，建设用地增加了 29.57 km²，未利用地减少了 32.01 km²。

局部的变化，主要在基地北部的马跑泉、回民巷、东湾一带，尤其是神华煤业灵新煤矿附近，由天然草地和沙地转为独立工矿用地、林地和农村居民点。在横山西部，部分耕地转为草地。在马莲台的东南部，部分林地、天然草地转为独立工矿用地，对于宁东工业园，特别是灵州综合工业园 A 区东部和宁夏鸳鸯湖发电厂东部的沙地和独立工矿用地转为天然草地。永利南部、杨家圈湾子南部和张寿窑南部以及麦垛山煤矿周边，由天然草地转为灌木林地。中部的灵武盐场一带与南部的冯记沟和回六庄一带，林地转为天然草地和灌木林地。马家滩东南部的天然草地转为独立工矿用地，南部盐沼面积有所增大。汪水塘和老盐池一带的林地转为灌木林地和耕地，部分天然草地变为独立工矿用地。雨强周边的林地转为天然草地和裸地。

基地南部的太阳山污水处理厂附近由独立工矿用地转为居民用地。

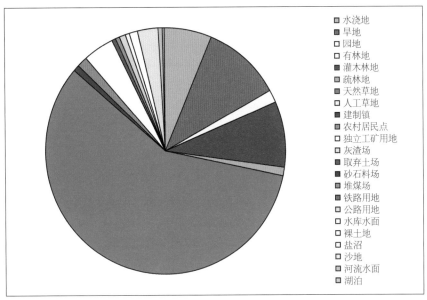

图例：水浇地、旱地、园地、有林地、灌木林地、疏林地、天然草地、人工草地、建制镇、农村居民点、独立工矿用地、灰渣场、取弃土场、砂石料场、堆煤场、铁路用地、公路用地、水库水面、裸土地、盐沼、沙地、河流水面、湖泊

图 3-2　宁东能源化工基地 2015 年土地利用各类面积统计图

表 3-3　宁东能源化工基地 2015 年土地利用各类面积统计表

土地类型			面积（km²）	比例（%）
农用地	耕地	水浇地	220.65	6.33
		旱地	371.1	10.65
	园地	园地	1.58	0.05
	林地	有林地	55.31	1.59
		灌木林地	296.89	8.52
		疏林地	36.81	1.06
	牧草地	天然草地	2 023.97	58.10
		人工草地	6.76	0.19
建设用地	居民点及独立工矿用地	建制镇	24.75	0.71
		农村居民点	51.58	1.48
		独立工矿用地	144.65	4.15
		灰渣场	0.45	0.01
		取弃土场	15.25	0.44
		砂石料场	6.01	0.17
		堆煤场	10.86	0.31

续表

土地类型			面积（km²）	比例（%）
建设用地	交通用地	铁路用地	8.80	0.25
		公路用地	22.70	0.65
	水利设施	水库水面	2.82	0.08
未利用地	未利用地	裸土地	18.93	0.54
		盐沼	38	1.09
		沙地	94.93	2.72
		河流水面	22.90	0.66
		湖泊	8.01	0.23

2.2 2015 年宁东工业园区土地利用现状

2015 年宁东工业园区的土地利用类型中的农用地、建设用地和未利用地分别占园区总面积的 70.64%、15.64% 和 13.72%。

农用地总面积为 587.81 km²，其中天然草地面积为 457.94 km²，占园区总面积的 54.91%，在整个园区大面积分布；其次为林地，面积为 115.19 km²，占总面积的 13.84%；耕地面积为 11.8 km²，占园区总面积的 1.35%。

建设用地面积为 127.72 km²，其中以独立工矿用地为主，面积为 76.02 km²，占园区面积的 9.13%。建制镇 8.17 km²，占总面积的 0.98%；农村居民点 9.40 km²，占总面积的 1.13%；其次是堆煤场、取弃土场、砂石料场、灰渣场面积分别为 9.24、5.91、3.29、0.45 km²，占园区总面积的 1.11%、0.71%、0.39%、0.05%；交通用地面积为 15.22 km²，占园区总面积的 1.83%；水利设施以水库为主，面积为 2.49 km²，占园区总面积的 0.30%。

未利用地总面积为 114.17 km²，占园区总面积的 13.72%；其中以沙地占地面积最大，面积为 106.06 km²，占园区总面积的 12.74%；裸地面积为 0.92 km²，占总面积的 0.11%；湖泊与河流面积分别为 3.32、3.87 km²，分别占总面积的 0.40%、0.47%。

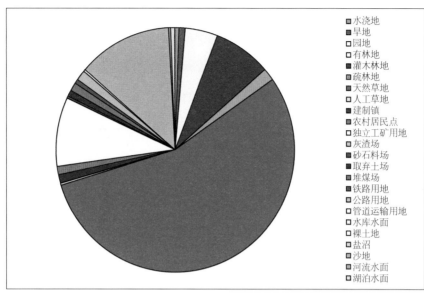

图例：
- 水浇地
- 旱地
- 园地
- 有林地
- 灌木林地
- 疏林地
- 天然草地
- 人工草地
- 建制镇
- 农村居民点
- 独立工矿用地
- 灰渣场
- 砂石料场
- 取弃土场
- 堆煤场
- 铁路用地
- 公路用地
- 管道运输用地
- 水库水面
- 裸土地
- 盐沼
- 沙地
- 河流水面
- 湖泊水面

图 3-3 宁东工业园 2015 年土地利用各类面积统计图

表 3-4 宁东工业园 2015 年土地利用各类面积统计表

土地类型			2015 年	
			面积（km²）	比例（%）
农用地	耕地	水浇地	5.24	0.63
		旱地	6.00	0.72
	园地	园地	0.38	0.05
	林地	有林地	36.65	4.40
		灌木林地	64.76	7.78
		疏林地	13.78	1.66
	牧草地	天然草地	456.94	54.91
		人工草地	4.06	0.49
建设用地	居民点及独立工矿用地	建制镇	8.17	0.98
		农村居民点	9.40	1.13
		独立工矿用地	76.02	9.13
		灰渣场	0.45	0.05
		砂石料场	3.29	0.40
		取弃土场	5.91	0.71
		堆煤场	9.24	1.11

续表

土地类型			2015 年	
			面积（km²）	比例（%）
建设用地	交通运输用地	铁路用地	4.24	0.51
		公路用地	11.00	1.32
		管道运输用地	0	0.00
	水利设施用地	水库水面	2.49	0.30
未利用地	未利用地	裸土地	0.92	0.11
		盐沼	0.00	0.00
		沙地	106.06	12.74
	其他用地	河流水面	3.32	0.40
		湖泊水面	3.87	0.47

2.3　2015 年太阳山能源新材料基地土地利用现状

太阳山能源新材料基地土地利用类型中农用地、建设用地和未利用地，分别占园区总面积的 77.40%、11.53% 和 11.07%。

农用地总面积为 159.1 平方公里，其中天然草地分布最广，面积为 94.56 km²，占园区总面积的 46.01%；其次为林地，面积为 42.11 km²，占园区总面积的 20.49%；耕地面积为 19.41 km²，占园区总面积的 9.44%。

建设用地总面积为 23.67 km²，其中独立工矿面积最大，面积为 9.32，占园区总面积的 4.54%。建制镇面积为 3.22 km²，占园区面积的 1.57%；农村居民点面积为 2.36 km²，占园区总面积的 1.15%；交通用地面积为 3.60 km²，仅占园区总面积的 1.75%。

未利用地总面积为 22.75 km²，其中以盐沼占地面积最大，面积为 14.53 km²，占园区总面积的 7.07%；其次为湖泊，面积为 3.63 km²，占园区总面积的 1.77%。

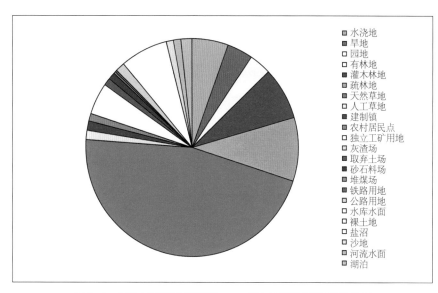

图3-4 太阳山能源新材料基地2015年土地利用各类面积统计图

表3-5 太阳山能源新材料基地2015年土地利用各类面积统计表

土地类型			2015年	
			面积平方（km²）	比例（%）
农用地	耕地	水浇地	11.27	5.48
		旱地	8.14	3.96
	园地	园地	0.28	0.14
	林地	有林地	6.31	3.07
		灌木林地	16.26	7.91
		疏林地	19.54	9.51
	牧草地	天然草地	94.56	46.00
		人工草地	2.74	1.33
建设用地	居民点及独立工矿用地	建制镇	3.22	1.57
		农村居民点	2.36	1.15
		独立工矿用地	9.32	4.54
		灰渣场	0.00	0.00
		取弃土场	2.69	1.31
		砂石料场	1.85	0.90
		堆煤场	0.63	0.31

续表

土地类型			2015 年	
			面积平方（km²）	比例（%）
建设用地	交通用地	铁路用地	0.53	0.26
		公路用地	3.07	1.49
	水利设施	水库水面	0.00	0.00
未利用地	未利用地	裸土地	0.00	0.00
		盐沼	14.53	7.07
		沙地	2.58	1.25
		河流水面	2.01	0.98
		湖泊	3.63	1.77

3 基于高分影像的宁东基地水土保持监测

3.1 水土保持措施监测

水土保持措施包括：梯田、坝地、人工有林地、果园、疏林地、幼林地、人工灌木林地、人工草地、淤地坝和水库等。根据 2015 年高分遥感影像解译数据，截至 2015 年底，宁东基地水土保持措施实施总面积为 989.1 km²，其中林草措施中人工乔木林 92.12 km²，人工灌木林 296.89 km²，人工草地 6.76 km²。

表 3-6　宁东基地水土保持措施统计表

类别		数量	备注（数据来源）
总措施面积（km²）		989.1	解译数据
基本	水浇地（km²）	220.65	解译数据
农田	旱地（km²）	371.1	解译数据
	其他基本农田（km²）	0.00	解译数据
水土保持林（km²）	人工乔木林	92.12	解译数据
	人工灌木林	296.89	解译数据
园地（km²）		1.58	解译数据
人工草地（km²）		6.76	解译数据

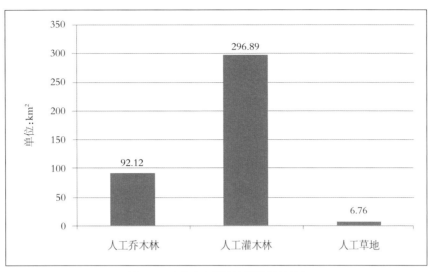

图 3-5 宁东水土保持林草措施统计图

3.2 宁东基地工业园水土保持措施布局

宁东基地工业布局主要分布在宁东工业园、太阳山新材料能源基地片区，四股泉矿区、横城矿区、灵武矿区、石沟驿井田、积家井矿区、萌城矿区、韦州矿区、马家滩矿区、鸳鸯湖矿区等。

宁东工业园与太阳山新材料能源基地是宁东基地的工业集中区，工矿用地、建制镇、农村居民点集中，为改善生产区和生活区环境，周边植树造林配套绿化项目，有较多的疏林地、林地、有林地、人工草地。

四股泉矿区、横城矿区、灵武矿区等 9 个矿区采矿生产多在 400 m 的地下，地表则多为天然草地、沙地、灌木林地、耕地。宁东工业园与太阳山新材料能源基地作为宁东基地两个重点区域，有比较充足的水源保障，在水保法规的要求下，工厂、建制镇及道路周围种植乔木，主要以油松、新疆杨、沙枣树、国槐等乔木为主。对于 9 个矿区，考虑到自然条件等因素，在水保措施选择上根据立地条件因地制宜，以保护天然草地为主，飞播种草，并在合适的区域种植柠条等灌木林地，在防治水土流失与保护环境上起到一定的作用。

3.3 重点研究区水土保持的监测

（1）生产建设项目扰动

统计宁东工业园区和太阳山新材料能源基地设施项目的扰动。

宁东工业园区独立工矿用地 76.02 km²，占工业园面积的 9.13%；灰渣场 0.45 km²，占工业园面积的 0.05%；砂石料场 3.29 km²，占工业园面积的 0.4%；取弃土场 5.91 km²，占工业园面积的 0.71%；堆煤场 9.24 km²，占工业园面积的 1.11%。

太阳山新材料能源基地独立工矿用地 9.33 km²，占太阳山基地面积的 4.54%；取弃土场 2.69 km²，占太阳山基地面积的 1.31%；砂石料场 1.85 km²，占太阳山基地面积的 0.9%；堆煤场 0.63 km²，占太阳山基地面积的 0.31%。

宁东基地地处干旱半干旱交错地带，在水土保持防治区域内人工种植的多为抗旱的植被，如沙棘、灌木柠条、油松等耐旱植被。宁东工业园区内林地面积共 115.19 km²，占工业园面积的 13.84%。其中有林地面积 36.65 km²，占工业园面积的 4.4%；灌木林地 64.76 km²，占工业园面积的 7.78%；疏林地面积 13.78 km²，占工业园面积的 1.66%；人工草地 4.06 km²，占工业园面积的 0.49%。太阳山新材料能源基地林地面积共 42.11 km²，占工业园面积的 20.49%。其中有林地面积 6.31 km²，占工业园面积的 3.07%；灌木林地 16.26 km²，占工业园面积的 7.91%；疏林地面积 19.54 km²，占工业园面积的 9.51%；人工草地 2.74 km²，占工业园面积的 1.33%。水保防治责任范围已落实到宁东基地各个企业，经过多年水土保持措施的实施，取得了较好的效果。

表 3-7　重点研究区土地利用各类面积统计表

土地利用类型		宁东工业园区		太阳山新材料能源基地	
	类别	面积（km²）	比例（%）	面积（km²）	比例（%）
林地	有林地	36.65	4.4	6.31	3.07
	灌木林地	64.76	7.78	16.26	7.91
	疏林地	13.78	1.66	19.54	9.51
	小计	115.19	13.84	42.11	20.49
牧草地	天然草地	456.94	54.91	94.56	46.01
	人工草地	4.06	0.49	2.74	1.33
	小计	461	55.4	97.3	47.34
工矿	独立工矿用地	76.02	9.13	9.33	4.54
	灰渣场	0.45	0.05	0	0
	取弃土场	5.91	0.71	2.69	1.31
	砂石料场	3.29	0.4	1.85	0.9
	堆煤场	9.24	1.11	0.63	0.31
	小计	94.91	11.4	14.5	7.06

3.4 高分影像与 TM 影像在水土保持措施提取的对比分析

在本轮宁东基地水土保持生态环境动态研究中，宁东基地采用了全域 GF-1 遥感影像，空间分辨率为 2 m，周期为 4 天。监测中采用了全域 TM 遥感影像，空间分辨率为 30 m，周期为 16 天。针对于两种不同遥感影像，在水土保持监测信息提取中具有一定的差异性。宁东基地的重点开发区在宁东工业园区和太阳山能源新材料基地，重点开发区的核心又是煤化工产业园。煤化工产业园内厂房、堆场、人工草地、林地、公路等图斑支离破碎，纵横交错，表现出复杂性。考虑工业园是在宁东基地统一规划下建设，各地类图斑空间分布、地类占比表现明显的规划性。因此，选择宁东工业园区内的煤化工产业园为样例区进行不同分辨率遥感影像提取地类的差异性研究具有一定的典型性。

TM 影像（煤化工园区）1 : 20 000

GF-1 影像（煤化工园区）1 : 20 000

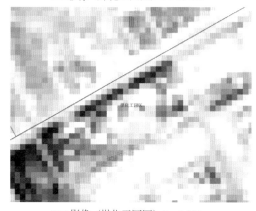
TM 影像（煤化工园区）1 : 5 000

GF-1 影像（煤化工园区）1 : 5 000

图 3-6 TM 影像与 GF-1 影像在同比例尺下的对比

从 TM 与 GF-1 影像土地利用整体提取情况来看，在独立工矿用地、水域、建制镇、裸土地等土地利用信息提取上都具有相似的优势。

但从细节上看，TM 影像只能提取水土保持土地利用分类体系中的二级分类，对于水土保持所监测的水保措施在影像上却因为分辨率过低难以提取。从图中对比情况来看，在不同比例尺下，煤化工产业园区和周边建制镇中公路用地、人工草地、水保林在 TM 影像中由于分辨率过低，无法提取其信息。

GF-1 遥感影像，对水保措施中的有林地、疏林地、灌木林地、人工草地都可以精确的提取其边界范围信息。从 GF-1 影像中可以清楚分辨工矿用地的类型、建制镇以及公路用地等细节信息。在 GF-1 遥感影像上，独立工矿用地可以进一步区分待建地用地、建设中用地以及投入生产的工矿用地。高分遥感影像在水土保持措施信息的提取具有精度高、可分辨对象更精细的优势。

3.5 生产建设项目扰动图斑监测

2015 年结合高分遥感影像对 2010 年遥感调查结果进行更新、完善，将扰动图斑分为新增/减少、延续两类。新增指 2010 年未扰动，2015 年扰动了的图斑；延续指 2010 年已有扰动，2015 年继续建设的图斑。

整体调查结果（见表 3-8）。通过高分遥感影像解译，对生产建设项目扰动图斑按面积进行分类统计。2010 年宁东工业园区共解译出 112 块扰动图斑，总体扰动图斑面积为 1 233.94 公顷。扰动面积小于 10 公顷的 82 块，面积为 293.09 公顷；扰动面积介于 10~20 公顷的 18 块，面积为 211.04 公顷；扰动面积大于 20 公顷的 12 块，面积为 709.61 公顷。分别占扰动面积的 23.75%、17.10%、57.51%。

表 3-8 宁东工业园区扰动图斑统计表

扰动图斑规模	2010 年	2015 年		动态变化
		新增/减少	延续/合计	
<10 公顷	82	−5	77	5
10 公顷≤且≥20 公顷	18	−9	9	9
>20 公顷	12	4	16	4
合计	112	−10	102	18

2015 年宁东工业园区扰动图斑数为 102 块，总体扰动图斑面积为 965.64 公顷。扰动面积小于 10 公顷的 77 块，面积为 274.41 公顷；扰动面积介于 10~20 公顷的 9 块，面积为 119.33 公顷；扰动面及大于 20 公顷的 16 块，面积为 571.91 公顷。分别

占扰动面积的 28.42%、12.36%、59.22%。与 2010 年相比，总体扰动面积减少了 268.3 公顷。

2010 年太阳山能源新材料基地共解译出 120 块扰动图斑，总体扰动图斑面积为 468.89 公顷（见表 3-9）。扰动面积小于 10 公顷的 108 块，面积为 186.73 公顷；扰动面积介于 10～20 公顷的 8 块，面积为 118.84 公顷；扰动面及大于 20 公顷的 4 块，面积为 163.32 公顷。分别占扰动面积的 39.82%、25.35%、34.83%。

2015 年太阳山能源新材料基地扰动图斑数为 130 块，总体扰动图斑面积为 453.91 公顷。扰动面积小于 10 公顷的 118 块，面积为 223.92 公顷；扰动面积介于 10～20 公顷的 9 块，面积为 140.55 公顷；扰动面积大于 20 公顷的 3 块，面积为 89.43 公顷。分别占扰动面积的 49.33%、30.96%、19.70%。与 2010 年相比，总体扰动面积减少了 14.98 公顷。

表 3-9　太阳山能源新材料基地扰动斑块统计表

扰动图斑规模	2010 年	2015 年		动态变化
		新增／减少	延续／合计	
<10 公顷	108	10	118	10
10 公顷≤且≥20 公顷	8	1	9	1
>20 公顷	4	−1	3	1
合计	120	−10	130	12

从数据统计来看，相比 2010 年，宁东工业园区在 2015 年扰动图斑数目减少 10 块，扰动面积减少 268.3 公顷；相比 2010 年，太阳山能源新材料基地扰动斑块数增加 10 块，但扰动面积减少 14.98 公顷。从两个重点研究区来看，扰动图斑面积都呈现出下降趋势，说明这两个园区都在由建设扩展期向稳定生产期过渡。监测期内，宁东工业园区地表扰动都以成规模大面积扰动为主，而太阳山能源新材料基地内，2010 年各类规模的扰动面积相差不大，但 2015 年，10 公顷以下小规模扰动面积增加，20 公顷以上大规模扰动减少。这说明宁东工业园区大型、超大型项目较多，土地利用集约度较高。太阳山能源新材料基地开发中以中、小项目多，大型项目少，土地利用集约水平不如宁东工业园区高。

4 结论

4.1 高分影像可以应用于宁东基地水土保持土地利用分析与监测

在宁东基地，分别基于 TM、GF-1 影像提取水土保持土地利用信息，从提取结果来看，TM 影像提取土地利用矢量图斑数为 1 486 块，而 GF-1 影像提取土地利用矢量图斑数为 5 256 块。实践证明，高分辨率影像可以分辨各类土地利用类型，并且单从图斑数量上就可以明显地反映出高分影像提取水土保持土地利用信息更详细。甚至可以对水土保持重点监测区域精细监测，提取工矿用地中的渣场、取弃土场、砂石料场等信息。对于同一块地，利用高分影像还可以有效地将同一地块上的不同盖度的斑块提取出来，可以为后续的侵蚀研究提供更准确的数据源。

4.2 高分影像可以对生产建设项目精确监测

根据动态变化监管结果，可将项目分为续建、新增、停工和完结 4 种类型，其中新增和续建项目是现场监管的重点。通过对高分影像目视解译得到两个重点研究区域生产项目扰动图斑，独立工矿用地面积为 85.35 km²，灰渣场面积为 0.45 km²，取弃土场面积为 8.6 km²，砂石料场面积为 5.14 km²。对于相同的生产扰动项目，可以通过不同时相的高分遥感影像对其监测，跟据其面积具体变化的数值或范围，来判定该生产项目是否在面积上有所增长，超出规定的水土保持范围。

4.3 高分影像在宁东基地土地利用调查中分类准确、精度高

（1）中等分辨率遥感影像提取不同时期的植被覆盖度变化，能够很好地反映区域扰动动态变化情况，具有快速、高频次的优势；中等分辨率遥感影像能对大尺度生产建设项目扰动动态变化情况进行监管，结合已报批项目的防治责任范围图，可以初步判断项目扰动的合规性。

（2）高分辨率遥感影像虽能够完成中等分辨率遥感影像监管的各项内容，但由于幅宽小、价格高、数据量大、处理速度慢，更适合于单个项目或重点部位扰动动态变化监管；高分辨率遥感影像主要用于项目合规性、植物措施实施情况和扰动部位的动态变化监管。

（3）高分辨率遥感影像判读数据分类准确、精度高，解译与野外判读标志确立和验证比较耗时，需要相关遥感解译技术、专业设备和较多的技术人员支撑完成，本项目由水土保持局牵头，宁夏大学和北京师范大学为技术支持单位，采用项目组

方式，由大量研究生参与，产学研结合，工作效率高，为未来类似项目提供了一种工作模式借鉴。

5　讨论

（1）解译标志会因时而异。由于生产建设项目会处于不同的阶段，因此在有条件的情况下，应根据不同的阶段建立不同类型的生产建设项目扰动标志，根据不同时相建立同一地物的知识库、标志库。

（2）没有一成不变的解译标志。由于地域分异，对全国而言，要统一解译标志很难，高辨率遥感影像的解译要针对特定项目区域，基于当地土地利用特点和影像信息特征，归纳出适于研究区的解译标志，总结出对项目区具有相对适应性及稳定性的解译标志。

（3）高分辨率的遥感影像，不仅可以识别耕地、园地、林地、草地、水体、道路、城乡居民地等一级土地类型，而且可以区分水浇地、旱地、果园、人工草地、有林地、疏林地、灌木林、农村居民地、城镇居住与商业用地、工业用地、铁路、公路等二级土地利用类型。但是由于土地利用类型较多，而且同一种类型也可能其影像色调不完全一致，或其图形结构与纹理特征也可能有些差异，完全采用影像监督分类与自动成图有较大困难。因此我们认为，利用高分辨率的卫星遥感影像编制大比例尺土地利用图，目前仍应采用以目视判读为主并与计算机制图相结合的方法。如果制图区域的范围很大，目视判读与计算机制图工作量太大，可采用监督分类与自动成图方法。

（4）在物力和技术条件好的地区，可以选择高分辨率遥感影像或加密动态变化监管频次以加强建设项目动态变化监管工作的效果。由于生产建设项目扰动大、变化快，因此在获取不到合适时相遥感影像的情况下，可利用无人机技术对重点项目或重点水土流失部位进行动态监管，提高监管工作的时效性。

第四章　宁东基地土壤侵蚀时空分布研究

土壤侵蚀是指地球表面的土壤及其母质受水力、风力、冻融、重力等外力的作用，在各种自然因素和人为因素的影响下发生的各种破坏、分离、搬运和堆积的现象。土壤侵蚀会破坏土地资源与土壤理化结构，降低土壤肥力，导致农作物等减产，引起生态环境的恶化，严重地威胁着人类的生存和发展。我国是世界上土壤侵蚀最严重的国家之一，根据公布的中国第二次遥感调查结果，水土流失面积已经达到 367 万平方公里，占国土总面积的 38.2%，其中水力侵蚀面积达 179 万平方公里。土壤侵蚀已经成为我国头号的环境保护问题，水土保持作为国家的一项基本国策，建设生态文明，加强水土流失监测势在必行。

目前常用的区域水土流失监测方法主要有三类。

（1）抽样调查。按一定原则和比例在区域范围内抽样，调查抽样单元或地块的侵蚀因子状况，再利用土壤侵蚀预报模型估算土壤流失量，进而根据不同目的进行各层次管理或自然单元汇总。

（2）网格估算。按一定空间分辨率将区域划分网格（网格大小取决于可获得数据的空间分辨率），基于 GIS 技术支持，利用土壤侵蚀预报模型估算各网格土壤流失量，进而根据不同目的进行不同层次的单元汇总。

（3）遥感调查。基于遥感影像资料和 GIS 技术，选择一定的空间分辨率数据，利用全数字作业的人机交互判读方法，通过分析地形、土地利用、植被覆盖等因子，确定土壤侵蚀类型及其强度与分布。由于遥感调查技术具有快速、精准、便捷和室内作业等特点，目前应用越来越广。

土壤侵蚀模型是监测和预报土壤流失、评估水保措施效益、优化水土资源分配的重要工具。1965 年，著名的通用土壤流失方程（USLE）问世，并于 1978 年对各项因子进行修订得到了 RUSLE 模型。20 世纪 80 年代以来，我国学者以通用土壤流失方程（USLE）模型为基础，也建立了若干个地区性的土壤侵蚀预报模型，如考虑浅沟侵蚀对坡面侵蚀的影响构建的坡面土壤流失预报模型和中国水土流失方程（CSLE）。目前应用较为广泛的土壤侵蚀模型有通用土壤流失方程（USLE）、修正后通用土壤流失方程（RUSLE）和中国土壤流失方程（CSLE）。由于土壤侵蚀模型还没有国家级的标准，所以现在水土流失监测主要还是依据《土壤侵蚀分类分级标准》(SL190-2007)。

《土壤侵蚀分类分级标准》(SL190—2007) 是众多土壤侵蚀专家多年实践经验的总结，可用于评价区域土壤侵蚀强度等级。它具有所需参数少、参数数据获取容易和操作简单等特点。建国以来，我国已经应用该方法分别于 20 世纪 80 年代中期和 90 年代后期进行了全国土壤侵蚀普查，并于 1990 年和 2002 年发布了详细的水土保持公告。

宁东基地是宁夏回族自治区经济建设的"一号工程"，是我国重要的千万千瓦级火电基地、煤化工基地和煤炭基地，建设周期为 2003 年到 2020 年。宁东基地主导产业为煤炭、电力、煤化工。宁东基地主要生态系统类型为荒漠草原，生态环境脆弱，为自治区政府公告的土壤侵蚀重点监督区。建设项目集中，扰动频繁，人为因素引发的土壤侵蚀严重。为及时准确地估测当地的土壤侵蚀面积和强度，本研究采用加权平均土壤侵蚀模数法和基于 GF-1 影像土地利用判读数据和基于 NDVI 反演提取的植被盖度的方法，根据《土壤侵蚀分类分级标准》（SL190—2007）计算两种方法得出的土壤侵蚀等级，进行水土保持监测研究。对比分析两种方法的适宜性，结合宁东基地的水土流失特征对该区域土壤侵蚀进行定量研究和土壤侵蚀强度分级研究。

1 研究方法和数据来源

1.1 研究方法

方法一：加权平均土壤侵蚀模数法。参照《土壤侵蚀分类分级标准》（SL190 — 2007），得出土壤侵蚀强度等级，根据各个等级土壤侵蚀量，结合宁东基地 2000— 2015 监测的土壤侵蚀数据，使用加权平均土壤侵蚀模数法，对宁东基地水土流失进行监测。

方法二：《土壤侵蚀分类分级标准》（SL190—2007）法。基于 GF-1 影像土地利用判读数据和基于 NDVI 反演提取的植被盖度的方法，根据《土壤侵蚀分类分级标准》（SL190—2007）计算得出土壤侵蚀等级。

通过对比分析两种方法的适宜性，结合宁东基地的水土流失特征对该区域土壤侵蚀情况进行定量研究和土壤侵蚀强度分级研究。

1.2 数据源与坐标系统

方法一所需数据：

（1）2015 年 8 月 TM 影像；（2）25 m 分辨率 DEM 数据；（3）2015 年土地利用矢量数据；（4）2000、2007、2010、2015 年水土保持动态监测的土壤侵蚀数据。

方法二所需数据：

（1）2015 年 ZY-3（2.1 m）分辨率、GF-1（2 m）分辨率遥感影像；（2）2015 年 8 月 TM 影像；（3）25 m 分辨率 DEM 数据；（4）宁夏土壤分布图；（5）2015 年土地利用矢量数据

空间数据的坐标系统：

投影：高斯 – 克吕格（Gauss-Kruger）；

坐标系统：CGCS2000 国家大地坐标系；

高程基准：1985 国家高程基准。

1.3 野外调查验证，建立判读解译标志

（1）土地利用

针对野外验证验证了天然草地、人工草地等全部 23 种土地利用类型，选取了 346 个解译图斑进行野外验证，解译正确率为 73.98%。解译正确率基本符合要求。解译结果与实际不一致的主要出现在幼有林地与天然草地、有林地与灌木林地等情况。根据野外验证，对解译结果进行了再修正，修正后解译正确率达到 98.5%。部分采样表、验证表如表 2-4 所示（验证数据见附件 2、附件 3）。

（2）植被盖度

野外实地调查主要采用样方法进行植被盖度的测量；人工目视解译主要是根据影像的色调、纹理来区分不同等级的植被盖度，并通过实地调查和野外验证，建立植被盖度判读标志。

2 加权平均土壤侵蚀模数法

2.1 加权平均土壤侵蚀模数

以宁东基地为研究区，用总侵蚀量除以区域总面积得到加权平均土壤侵蚀模数，公式为：

$$A_t = \left\{ \sum_{i=0}^{n} (S_i \times A_i) \right\} / s \tag{1}$$

式（1）中：A_t 表示 t 年某区域加权平均土壤侵蚀模数，单位：t/(km²·a)；i 表示不同土壤侵蚀等级；S_i 表示不同侵蚀等级的面积；A_i 表示第 i 等级的侵蚀模数；s 表示区域总面积。

表 4-1 不同侵蚀等级对应的侵蚀模数

侵蚀等级	侵蚀模数 t/(km²·a)
微度	200
轻度	1 750
中度	3 750
强度	6 500
极强度	11 500
剧烈	15 000

表 4-2 太阳山能源新材料基地 2000 年、2007 年、2010 年与 2015 年
加权平均土壤侵蚀模数计算表

侵蚀强度	侵蚀模数 t/(km²·a)	2000 年		2007 年		2010 年		2015 年	
		面积 (km²)	侵蚀量 (t)	面积 (km²)	侵蚀量 (t)	面积 (km²)	侵蚀量 (t)	面积 (km²)	侵蚀量 (t)
微度	200	11.73	2 346.00	41.75	8 350.00	78.08	15 616.00	67.83	13 566.00
轻度	1 350	102.65	138 577.50	115.01	155 263.50	91.84	123 984.00	109.23	147 460.50
中度	3 750	85.12	319 200.00	38.58	144 675.00	30.28	113 550.00	27.95	104 812.50
强度	6 500	4.72	30 680.00	10.15	65 975.00	3.61	23 465.00	0.49	3 185.00
极强度	11 500	1.27	14 605.00	0.00	0.00	1.68	19 320.00	0.00	0.00
剧烈	15 000	0.00	0.00	0.00	0.00	0.00	0.00	0.00	0.00
总计		205.49	505 408.50	205.49	374 263.50	205.49	295 935.00	205.50	269 024.00
加权平均侵蚀模数 t/(km².a)		2 459.53		1 821.32		1 440.14		1 309.12	

为了研究宁东基地土壤侵蚀的时空变化规律，与 2000、2007、2010 年土壤侵蚀形成对比，本研究加权平均土壤侵蚀中 2015 年土壤侵蚀数据仍延续监测报告中的方法获得。

表 4-3　宁东工业园区 2000 年、2007 年、2010 年与 2015 年加权平均土壤侵蚀模数计算表

侵蚀强度	侵蚀模数 t/(km²·a)	2000 年		2007 年		2010 年		2015 年	
		面积 (km²)	侵蚀量 (t)	面积 (km²)	侵蚀量 (t)	面积 (km²)	侵蚀量 (t)	面积 (km²)	侵蚀量 (t)
微度	200	16.24	3 248.00	64.64	12 928.00	110.57	22 114.00	150.70	30 140.00
轻度	1 350	41.78	56 403.00	147.77	199 489.50	148.04	199 854.00	114.75	154 912.50
中度	3 750	270.02	1 012 575.00	113.07	424 012.50	74.85	280 687.50	90.75	340 312.50
强度	6 500	11.51	74 815.00	34.86	226 590.00	26.88	174 720.00	4.14	26 910.00
极强度	11 500	20.79	239 085.00	0.00	0.00	0.00	0.00	0.01	115.00
剧烈	15 000	0.00	0.00	0.00	0.00	0.00	0.00	0.00	0.00
总计		360.34	1 386 126.00	360.34	863 020.00	360.34	677 375.50	360.35	552 390.00
加权平均侵蚀模数 t/(km².a)		3 846.72		2 395.02		1 879.82		1 532.93	

表 4-4　宁东基地 2000 年、2007 年、2010 年与 2015 年加权平均土壤侵蚀模数计算表

侵蚀强度	侵蚀模数 t/(km²·a)	2000 年		2007 年		2010 年		2015 年	
		面积 (km²)	侵蚀量 (t)	面积 (km²)	侵蚀量 (t)	面积 (km²)	侵蚀量 (t)	面积 (km²)	侵蚀量 (t)
微度	200	100.01	20 002.00	957.84	191 568.00	1 049.73	209 946.00	1 000.11	200 022.00
轻度	1 350	794.78	1 072 953.00	557.06	752 031.00	851.92	1 150 092.00	1 577.29	2 129 341.50
中度	3 750	2 317.11	8 689 162.50	1 702.28	6 383 550.00	1 430.18	5 363 175.00	661.22	2 479 575.00
强度	6 500	211.86	1 377 090.00	221.07	1 436 955.00	113.59	738 335.00	239.94	1 559 610.00
极强度	11 500	59.16	680 340.00	44.69	513 935.00	38.28	440 220.00	5.12	58 880.00
剧烈	15 000	0.78	11 700.00	0.76	11 400.00	0.00	0.00	0.15	2 250.00
总计		3 483.70	11 851 248.00	3 483.70	9 289 439.00	3 483.70	7 901 768.00	3 783.70	6 429 678.50
加权平均侵蚀模数 t/(km².a)		3 401.91		2 666.54		2 268.21		1 699.31	

2.2　加权平均土壤侵蚀模数结果分析

如图 4-1 所示，无论是宁东基地还是两个工业园区，自 2003 年基地建设以来，

土壤侵蚀都呈逐年显著下降趋势。2015年与2000年比，宁东基地的加权平均土壤侵蚀模数由2000年的3 401.91 t/(km²·a) 下降到2015年的1 699.31 t/(km²·a)，整体下降了50.1%；宁东工业园区的加权平均土壤侵蚀模数由2000年的3 846.72 t/(km²·a) 下降到2015年的1 532.93 t/(km²·a)，下降了60.1%；太阳山能源新材料基地的加权平均土壤侵蚀模数由2000年的2 459.53 t/(km²·a) 下降到2015年的1 309.12 t/(km²·a)，下降了46.8%。

两个工业园区是宁东基地的重点开发地区，特别是宁东工业园区是企业和人口的聚居区，土壤侵蚀并没有因大规模开发而加重，反而都有大幅度下降。主要原因有：（1）企业开发建设都有水土保持方案，实施了大量的生态恢复措施，植被覆盖面积增大，生态建设进程顺利；（2）宁东工业园区在城市化建设过程中，不断集约利用土地资源，减少裸露土地面积，土壤侵蚀面积减小；（3）工矿企业在水土保持责任防治范围内，实施了大量水土保持工程措施和生物措施；（4）绿化项目的实施，道路厂区绿化，丰富厂区植被覆盖类型及植被覆盖度。

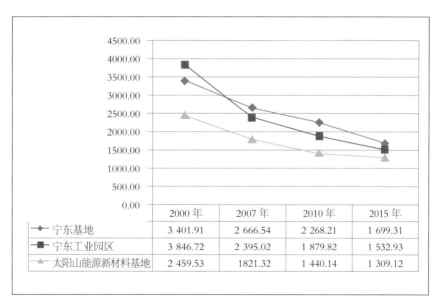

图4-1 2000—2015年加权平均土壤侵蚀模数

3 《土壤侵蚀分类分级标准》（SL190—2007）法

3.1 《土壤侵蚀分类分级标准》（SL190—2007）法

依据国家水利部颁发的《土壤侵蚀分类分级标准》（SL190—2007）水力侵蚀强

度分级参考指标(表 4-5)。

表 4-5 土壤侵蚀强度分级参考指标

地类 \ 地面坡度		5~8°	8~15°	15~25°	25~35°	>35°
非耕地林草覆盖度 (%)	60~75					
	45~60	轻度				强度
	30~45	中度			强度	极强度
	<30					
坡耕地		轻度	中度	强度	极强度	剧烈

引自《土壤侵蚀分类分级标准》 (SLI90-2007)

3.2 坡度因子

采用 25 m 分辨率的宁东基地 DEM 作为数据源,应用 ArcGIS 软件平台的地形分析提取宁东基地坡度,根据中国水利部 2007 年颁发的土壤侵蚀分类分级标准进行重分类,将坡度分为 6 类,分别为:0~5°,5~8°,8~15°,15~25°,25~35°,>35°,得到宁东基地分级后的坡度数据。

3.3 植被覆盖度因子

3.3.1 植被盖度分级

植被覆盖度的分级标准,参照《土壤侵蚀分类分级标准》 (SL19096)中的植被覆盖度分级标准,根据宁东基地的实际情况,将宁东基地植被覆盖度分为裸地、低覆盖、中低覆盖、中覆盖、中高覆盖和高覆盖 6 个等级。具体分级如表 4-6 所示。

表 4-6 植被覆盖度分级编码表

编码	分级	植被覆盖度（%）
1	裸地	<10
2	低覆盖	10~30
3	中低覆盖	30~45
4	中覆盖	45~60
5	中高覆盖	60~75
6	高覆盖	>75

3.3.2 被覆盖度调查方法

（1）植被覆盖度提取方法

采用计算机自动提取归一化植被指数（NDVI），计算公式如下：

$$NDVI=（IR-R）/（IR+R） \qquad (2)$$

式（2）中：IR——近红外波段植被反射率，对应于 TM4 波段，波长 0.76～0.90 μm；R——红光波段植被反射率，对应于 TM3 波段，波长 0.63～0.69 μm，植被在这两个光谱范围的反射差异极大，也是 $NDVI$ 计算的基础。

（2）通过 NDVI 反演植被覆盖度

$$Cov=（NDVI-NDVI_{min}）/（NDVImax-NDVI_{min}） \qquad (3)$$

式（3）中：Cov 为植被覆盖度，$NDVI_{min}$、$NDVI_{max}$ 分别为最小、最大归一化植被指数值。利用提取的植被覆盖度数据制作植被覆盖度图，并统计出各盖度等级的植被覆盖面积。

3.4 土地利用

本研究的土地利用由高分辨率影像解译得到（表 4-3），根据《土壤侵蚀分级分类标准》（SL190—2007），把该地区的土地利用分为耕地和非耕地两大类。

4 结果与分析

4.1 计算结果

依据《土壤侵蚀分类分级标准》（SL190—2007），将土地利用、植被覆盖度、坡度因子应用 GIS 空间分析的叠加分析，计算得到侵蚀模数并分级，得到宁东基地

表 4-7 土壤侵蚀强度分级表

侵蚀强度	面积（km²）	面积占比（%）	加权平均侵蚀模数 t/（km²·a）
微度侵蚀	796.61	21.92	109.60
轻度侵蚀	2 426.05	66.74	1 167.95
中度侵蚀	375.28	10.33	387.38
强烈侵蚀	34.49	0.95	61.75
极强烈侵蚀	1.84	0.05	5.75
剧烈侵蚀	0.06	0.01	1.50

土壤侵蚀分级图。

如表 4-1 所示，结果显示宁东基地土壤侵蚀以微度与轻度侵蚀为主，占总面积的 88.66%，其中轻度侵蚀面积占比 66.74%，加权平均侵蚀模数为 1 167.95 t/(km²·a)，微度侵蚀面积占比 21.92%，加权平均侵蚀模数为 109.6 t/(km²·a)；其余各等级面积占比随强度等级的增强而递减。

4.2　土壤侵蚀空间分布分析

土壤侵蚀强度空间分析显示坡度较大和植被覆盖度低的区域土壤侵蚀强度等级高，水土流失严重。生产建设项目对地表的扰动较大，造成土壤侵蚀加剧。

（1）从整体来看，宁东基地北部主要以轻度侵蚀为主；中部主要以微度与轻度侵蚀为主；南部主要以中度侵蚀为主。

（2）从坡度来看，坡度较大的地区，土壤侵蚀等级以中度及以上为主。黑疙瘩村以西地区，坡度较大，侵蚀等级主要为强度；赵家寨子以西地区主要为山地，坡度较大，侵蚀等级主要为中度；宁东基地南部萌城一带多山地，地形起伏较大，侵蚀等级以中度和强度为主，局部地区还有极强度和剧烈侵蚀。

（3）从植被覆盖度来看，植被覆盖低的地区，土壤侵蚀等级以强度为主。沙地、裸土地的植被覆盖度较小，是土壤侵蚀严重的地区，侵蚀等级以强度为主，主要分布在李家场村和城路壕村周围。

（4）生产建设项目所产生的取弃土场、砂石料场、堆煤场、灰渣场对地表造成大的扰动，导致土壤侵蚀加重，侵蚀等级为中度和强度。待建地土壤侵蚀严重，侵蚀等级为强度。

5　结论

5.1　加权平均土壤侵蚀模数结果

应用加权平均土壤侵蚀模数法，能够得出具体的土壤侵蚀模数值，无论是宁东基地还是两个工业园区，自 2003 年基地建设以来，土壤侵蚀都呈逐年显著下降趋势。直观地反映区域的土壤侵蚀整体情况，可以更加直观、快捷地量化土壤侵蚀量。

5.2 高分遥感影像在水土保持措施信息的提取具有精度高、可分辨对象更精细的优势

TM 影像（煤化工园区）1：20000　　　　　GF-1 影像（煤化工园区）1：20000

TM 影像（煤化工园区）1：5000　　　　　GF-1 影像（煤化工园区）1：5000

图 4-2　TM 影像与 GF-1 影像在不同比例尺下的对比

（1）从 TM 与 GF-1 影像土地利用整体提取信息的准确度来看，对于独立工矿用地、水域、建制镇、裸土地在土地利用信息提取上都具有相似的优势。

（2）从能够提取土地利用分类等级看，TM 影像只是提取土地利用分类体系中的二级分类，对于水土保持所需监测的有林地、疏林地、灌木林地、人工草地、渣场、堆场等信息因为分辨率过低难以提取。应用 GF-1 遥感影像，可以精确提取水保措施中的有林地、疏林地、灌木林地、人工草地、渣场、堆场及其边界范围信息。

（3）从图 4-2 中对比情况来看，工业园区和周边建制镇中公路用地、人工草地、水保林在 TM 影像中由于分辨率过低，无法提取其信息。从 GF-1 中可以清楚地看到工矿用地、建制镇、人工草地、公路用地等细节信息，做到对斑块面积精确提取。高分遥感影像在水土保持措施信息的提取上具有精度高、可分辨对象更精细的优势。

5.3 基于NDVI提取植被覆盖度速度快、技术成熟

本研究应用计算机自动提取植被覆盖度的方法，应用 TM 提取宁东基地 NDVI，反演植被覆盖度。该方法具有影像时间序列长、应用时间长，技术成熟等优点。

5.4 利用高分辨率影像进行土壤侵蚀判读的结果更加精细

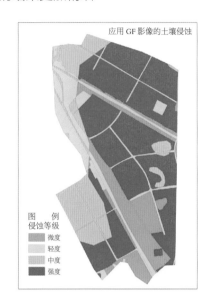

图 4-3　化工新材料园区土壤侵蚀等级对比图

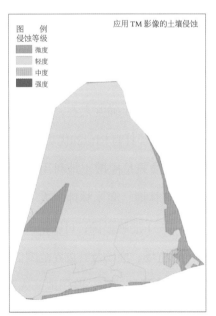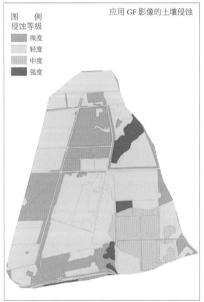

图 4-4　临河 A 区土壤侵蚀等级对比图

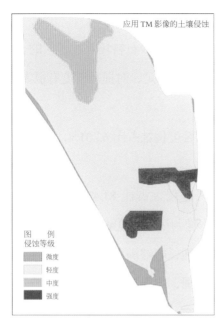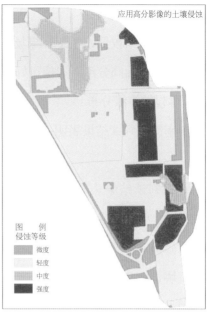

图4-5 临河B区土壤侵蚀等级对比图

表4-8 临河B区高分辨率影像与TM影像土壤侵蚀面积对比

侵蚀等级	高分辨率影像			TM影像		
	面积（公顷）	百分比	斑块数	面积（公顷）	百分比	斑块数
微度	59.77	13.13	32	17.63	3.87	2
轻度	288.20	63.31	24	370.82	81.47	6
中度	38.68	8.50	13	40.55	8.91	1
强度	68.53	15.06	8	26.19	5.75	2
总和	455.18	100.00	77	455.18	100.00	11

（1）斑块数对比

应用高分辨率遥感影像（GF-1）计算得到的不同土壤侵蚀等级总斑块数为77个，其中微度侵蚀斑块32个，轻度侵蚀斑块24个。

应用TM影像计算得到的不同土壤侵蚀等级总斑块数为11个，轻度侵蚀斑块6个，微度侵蚀斑块2个。

国产GF-1遥感影像分辨率高，可辨别更细小的图斑，提高影像提取精度。对于不同土壤侵蚀等级的斑块，可以更加精确地提取它的面积以及分布等级。

（2）土壤侵蚀计算精度

TM 影像分辨率较低，对于堆煤场，取弃土场，砂石料场等扰动大的土地利用的提取精度不高，而高分辨率影像正好弥补了这一不足，对提高精度有很大帮助。

（3）土壤侵蚀等级分布

高分辨率影像判读结果表明：土壤侵蚀中轻度侵蚀占比 63.31%，强度侵蚀占比 15.06%。

TM 影像判读结果表明：土壤侵蚀中轻度侵蚀占比 81.47%，强度侵蚀占比 5.75%。经实地验证和专家分析认为高分辨率影像判读结果更贴近宁东基地实际情况。

利用高分辨率影像进行判读的结果更加精细，能够满足水土流失治理要求，可以精准到斑块，精准监测水土保持防治责任范围，值得在以后的水土保持动态监测中推广使用。

6 讨论

6.1 加权平均土壤侵蚀模数法直观反映年度土壤侵蚀变化

应用加权平均侵蚀模数得出具体的侵蚀模数值，可以更加直接反映区域土壤侵蚀整体情况，通过数据直接对比分析土壤侵蚀变化，但无法精确地反映区域土壤侵蚀的局部性。

根据《土壤侵蚀分类分级标准》（SL190—2007）得到的宁东基地土壤侵蚀等级能较好的反映出宁东基地侵蚀状况的空间分布、土壤侵蚀等级结构的变化以及区域土壤侵蚀的变化趋势，但无法精确地反映区域土壤侵蚀的整体性和年度变化。

未来水土流失动态监测中，可以利用两种方法优势互补，应用《土壤侵蚀分类分级标准》（SL190—2007）计算的土壤侵蚀等级反映侵蚀状况的空间分布、土壤侵蚀等级结构的变化，应用加权平均土壤侵蚀模数说明区域土壤侵蚀整体变化，把二者相结合，可以从整体及局部有效地说明区域水土流失的年际分布状况。

6.2 高分辨率影像能够显著提高土壤侵蚀判读精度

高分辨率影像能够显著提高土地利用判读精度，可以精确地提取水保措施中的有林地、疏林地、灌木林地、人工草地及其边界范围信息，进一步提高各个等级土壤侵蚀的斑块数、分布范围，从而提高土壤侵蚀判读精度，值得在以后的水土保持动态监测中推广使用。

6.3　植被盖度提取方法改进

　　传统方法植被盖度判读采用人工目视判读，个人主观性强，不同人员判读的植被盖度结果差异较大，本研究应用计算机自动提取技术，有效避免了个人主观因素，在一定程度上提高了提取植被覆盖度的精度。但 TM 影像分辨率有限，提取出的植被覆盖度精度还是有些不太理想，随着高分辨率遥感影像应用的普及，在未来的水土保持研究中可应用高分辨率遥感影像取代 TM 中低分辨率影像，可以进一步提高植被覆盖度提取精度。

第五章　宁东基地 NDVI、土壤侵蚀和土地利用的关系

植被作为连结土壤、大气和水分的自然"纽带",在全球变化研究中起到"指示器"的作用。动态监测植被覆盖的时空演变,对深入研究植被与气候变化和人类活动之间的响应关系、揭示区域环境状况的演化与变迁等具有重要的现实意义。遥感(RS)技术的迅速发展,为植被覆盖监测提供了一个新的发展方向。

归一化差值植被指数(NDVI)是反映植被覆盖的一个重要指数,其时间序列的变化对应着植被的生长和变化,对植被的生物物理特征十分敏感,其值可以指示植被覆盖的变化,是监测植被和生态环境变化的有效值,也是应用最广泛的植被指数,可以直接反映区域的生态环境状况。NDVI 广泛应用于土地覆被、植被分类、环境变化、植物保护、作物估产和草地植被监测等方面。近年来,国内外学者利用 NDVI 数据在全球、大陆和区域等空间尺度上对植被覆盖变化进行了深入研究。许多学者利用遥感(RS)技术、地理信息科学(GIS)、全球定位系统(GPS)的组合应用于区域植被格局研究,采用 NDVI 反映植被格局、植被覆盖时空变化。国内外学者对 NDVI 的动态演变规律也进行了研究,发现在不同气候条件、不同时期、不同土地利用类型的区域,NDVI 特征存在显著差异性。

荒漠草原区是生态十分脆弱的地区,也是我国生态屏障的重要组成部分,属于全球变化格局中气候变化对植被变化影响明显的地区。宁东基地以荒漠草原为主体,近十几年气候变化和人类活动交互作用剧烈,存在着荒漠化逆转的潜在可能,通过研究生态恢复与土地利用和土壤侵蚀之间的关系,能够解释人类活动和气候对当地生态恢复的贡献和影响程度。

研究以 TM 影像为基础数据提取宁东基地 NDVI 值、NDVI 灰度图和植被覆盖

数据，利用 ENVI5.2 遥感影像处理软件对国产 GF-1 影像进行处理，通过监督分类等空间分析功能判读宁东基地土地利用现状，依据《土壤侵蚀分类分级标准》（SL190—2007）计算宁东基地土壤侵蚀强度并分级，在 GIS 软件平台和 R 语言的支持下研究 NDVI 与植被覆盖度、土地利用类型和土壤侵蚀之间的空间变化规律，从全面快速监测角度分析 NDVI 在区域水土保持生态环境动态监测中的应用，为后续的监测研究工作提供更加科学的方法。

1 研究方法和数据来源

1.1 数据来源

1.1.1 遥感影像、土地利用数据

（1）2010 年 8 月 30 日、2015 年 8 月 3 日的 Landsat-7 和 Landsat-8 TM 影像，空间分辨率为 30 m，包含 7 个波段，均经过辐射定标、大气校正和几何校正。

（2）2010 年、2015 年宁东基地土地利用类型和土壤侵蚀数据。

1.1.2 采样数据

（1）生物量的采集

针对研究区内不同生态恢复措施、不同地形条件，对植被群落进行调查。研究区共采集 28 个样地，每个样地为 20 m×20 m，在每个样地中选择典型的 5 个样方（1 m×1 m），分别在样地四角及中心位置，四角样方采集草本植物生物量，中心样方采集灌木植物生物量，采用收获法（齐地分种剪下 1 m×1 m 样方内所有植物种类的地上部分）获得与遥感影像同期的地上生物量，作为该样地的地上生物量。将采集的灌木植物进行预处理、烘干和称重等，经过计算得到灌木植物生物量。

（2）植被盖度验证

外业野外实地调查主要采用样方法进行植被盖度的测量；人工目视解译主要是根据影像的色调、纹理来区分不同等级的植被盖度，并通过实地调查和野外验证，建立植被盖度判读标志。

1.2 研究方法

（1）NDVI 获取

研究以 TM 影像为数据源，利用 ENVI5.2 遥感影像处理软件对宁东基地 2010

年和 2015 年 TM 遥感影像进行辐射定标、大气校正、几何校正等影像预处理。利用空间分析模块和波段计算器获取研究区 NDVI 值空间分布及 NDVI 灰度图。提取 NDVI 值的计算公式为：

$$NDVI = \frac{B4 - B3}{B4 + B3} \tag{1}$$

其中 B4 代表 TM 影像近红外波段的数据；B3 代表 TM 影像红光波段的数据。即近红外波段数值和红光波段数值之差与近红外波段数值和红光波段数值之和的比值。

（2）空间分析方法

研究采用 ArcGIS 软件中的空间分析模块将 NDVI 灰度图、土地利用类型矢量图和土壤侵蚀等级矢量图等空间信息叠加分析，利用统计功能模块对分析结果进行统计。

2　结果与分析

2.1　NDVI 变化分析

研究利用 ENVI5.2 遥感影像处理软件对 2010 年和 2015 年的 TM 影像进行处理分析，获取研究区 NDVI 值及灰度图，如图 5-1 所示。

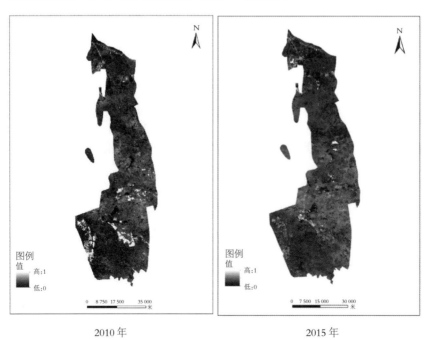

图 5-1　宁东能源化工基地 TM NDVI 灰度图

2.1.1　NDVI 值

（1）对于陆地表面主要覆盖而言，云、水、雪在可见光波段和近红外波段有较高的反射作用，其 NDVI 值为负值。

（2）岩石、裸地在两波段有相似的反射作用，NDVI 值近于 0。

（3）在有植被覆盖的情况下，NDVI 值为正值，且随植被覆盖度的增大而增大，NDVI 值越大，灰度图颜色越亮；NDVI 值越小，灰度图颜色越暗。

（4）如图 5-1 所示，宁东基地 2015 年 NDVI 灰度图较 2010 年相比更亮，NDVI 值整体更高。根据研究发现的规律可以判断，宁东基地 2015 年植被覆盖度比 2010 年好，生态恢复状况良好，生态建设进展顺利。

2.1.2　NDVI 值域

研究通过设置随机分布点获取点上的 NDVI 值统计数据并进行分析，得到以下结果。

（1）宁东基地灌木林地的 NDVI 平均值约为 0.20，两极分化，结合土壤侵蚀数据分析，该 NDVI 值值域范围的土壤侵蚀等级以轻度为主，其次为微度侵蚀。

（2）有林地、疏林地和天然草地的 NDVI 平均值分别约为 0.35、0.25 和 0.15，土壤侵蚀等级多为轻度，其次多为微度和中度；人工草地、水浇地和旱地的 NDVI 值较高：其中，人工草地和水浇地的 NDVI 值约为 0.35，旱地的 NDVI 值约为 0.25，土壤侵蚀以微度侵蚀为主。

2.2　NDVI 结合土壤侵蚀动态变化分析

2.2.1　土壤侵蚀划分标准

根据宁东基地实际情况，并根据水利部相关土壤侵蚀标准，得到不同侵蚀等级对应的侵蚀模数标准，如表 5-1。

2.2.2　土壤侵蚀空间分布分析

如表 5-1 所示，结合 NDVI 值与土壤侵蚀空间分布，有以下特点。

（1）宁东基地 NDVI 值区间主要在 0.15～0.4，土壤侵蚀等级以轻度侵蚀为主。将 NDVI 值与研究随机抽样点数据相结合，轻度土壤侵蚀的 NDVI 值保持在 0.25～0.35。在 2010—2015 年期间，宁东基地土壤侵蚀等级逐渐降低，土壤侵蚀面积减少，主要以轻度侵蚀为主。

表 5-1　不同侵蚀等级对应的侵蚀模数

侵蚀等级	侵蚀模数 t/（km²·a）
微度	500
轻度	1 750
中度	3 750
强度	6 500
极强度	11 500
剧烈	15 000

（2）中度土壤侵蚀主要分布在马跑泉至回民巷、李家场至孙家台子一带，其NDVI 值区间主要在 0.15～0.25。这些区域分布有大量的独立工矿企业，其本身不会产生土壤侵蚀，但对该区域的生态恢复具有扰动性。特别是一些有废气、废水排出的工厂和企业，对区域生态恢复具有破坏性作用。

（3）强度及以上土壤侵蚀主要分布在宁东基地南部的萌城周边，NDVI 值区间主要在 0～0.15。该区域分布有大量的砂石料场和灰渣场，对生态环境扰动性较大，加剧生态破坏，使生态更加脆弱。大量的开发建设项目破坏了区域土壤纹理特征，远离水源和降水量少的地域特点使该区域生态恢复缓慢，植被覆盖度较低，土壤侵蚀等级达到强度等级。

2.2.3　不同坡度等级的土壤侵蚀分析

坡度是影响土壤侵蚀的主要因素之一，依据坡度分级标准将坡度划分为 0～5°，5～8°，8～15°，15～25°，25～35°，>35° 6 个级别。由表 5-2 可看出，微度侵蚀在各坡度等级上的面积占比随坡度上升而递减；当坡度大于 35° 时，侵蚀等级主要为强度。总体上，侵蚀强度分布受坡度影响不显著，这与宁东基地整体地形平坦，坡度较小有关，从表 5-2 可以看出宁东基地坡度主要为 0～5°，占比为76.72%。

2.2.4　不同植被覆盖度下的侵蚀强度分布

植被覆盖在控制土壤侵蚀量方面发挥着重要作用。

（1）如表 5-3 所示，将研究区域植被覆盖度等级划分为 6 级，即植被覆盖度高于 75%时，侵蚀基本得以控制，侵蚀等级为"微度"，比重达 95.52%。

表 5-2　不同坡度等级土壤侵蚀情况

坡度级（°）	微度（%）	轻度（%）	中度（%）	强度（%）	极强（%）	剧烈（%）	面积（km²）	比例（%）	加权平均侵蚀模数 t/（km²·a）
0～5	25.63	74.37	0.00	0.00	0.00	0.00	2 788.28	76.72	1 096.83
5～8	17.09	1.34	81.57	0.00	0.00	0.00	394.55	10.86	343.90
8～15	4.35	75.15	20.50	0.00	0.00	0.00	260.64	7.17	151.02
15～25	1.68	78.59	0.00	19.73	0.00	0.00	174.77	4.81	128.22
25～35	2.14	85.83	0.00	0.00	11.98	0.05	15.37	0.42	12.25
>35	0.00	0.00	0.00	93.06	0.00	7.88	0.72	0.02	0.56

（2）研究将宁东基地 NDVI 值和 NDVI 灰度图与植被覆盖度数据进行相关性分析，宁东基地 NDVI 值和植被覆盖呈现一定规律：NDVI 值越大，灰度图颜色越亮，植被覆盖越好；NDVI 值越小，灰度图越暗，植被覆盖越差。当 NDVI 值为 0 时，灰度图显示为黑色，这些区域没有植被覆盖。随着植被覆盖度等级提高，微度侵蚀面积比重逐渐上升。

（3）当植被覆盖度等级低于 3 级时，即植被覆盖度范围低于 30% 时，中度侵蚀比重明显上升。

（4）从加权平均土壤侵蚀模数来看，当植被覆盖度等级为 2 级时，加权平均侵蚀模数为 1 566.15 t/（km²·a），主要原因是该等级下的轻度及轻度以上土壤侵蚀比例要比其他等级高，强度、极强和剧烈侵蚀主要都集中在该植被覆盖度等级下。

表 5-3　不同植被覆盖度等级下的侵蚀情况

植被覆盖度等级	微度（%）	轻度（%）	中度（%）	强度（%）	极强（%）	剧烈（%）	面积（km2）	比例（%）	加权平均侵蚀模数 t/（km²·a）
1	34.51	54.83	10.33	0.31	0.01	0.00	361.28	9.94	153.20
2	18.86	69.47	10.57	1.04	0.06	0.01	3 196.39	87.95	1 566.15
3	90.70	8.84	0.20	0.25	0.01	0.00	63.44	1.75	11.04
4	87.22	12.56	0.08	0.15	0.00	0.00	9.62	0.26	1.77
5	88.56	11.36	0.07	0.01	0.00	0.00	2.88	0.08	0.51
6	95.52	4.24	0.24	0.00	0.00	0.00	0.72	0.02	0.11

2.2.5　NDVI 综合多因子分析

结合宁东基地 2010 年、2015 年土地利用类型、土壤侵蚀图、植被覆盖度等级图与 NDVI 数据，应用 ArcGIS 软件平台进行叠加分析，结果显示。

（1）植被覆盖度等级由裸地和低覆盖度转为中高覆盖度和高覆盖度的区域，灰度值也相应的增加，侵蚀等级由强度侵蚀和中度侵蚀变为轻度侵蚀和微度侵蚀，最终表现为土壤侵蚀面积减少。

（2）土地利用类型变化主要由耕地、林地、草地变为裸地、建设用地等。在这些变化的区域，植被覆盖度由原来的高覆盖度和中高覆盖度逐渐变为中低覆盖度或低覆盖度，部分变为裸地。

（3）对比 2015 年和 2010 年 NDVI 空间分布数据，NDVI 灰度图颜色变浅，NDVI 值也相应的增大。同时，对比土壤侵蚀图发现变化区域土壤侵蚀面积也逐渐的减小，土壤侵蚀的等级也由原来的中度侵蚀和强度侵蚀转为轻度侵蚀和微度侵蚀。

2.3 NDVI 空间分布特征

（1）2010 年宁东基地 NDVI 灰度空间分布信息

如图 5-1 所示，2010 年宁东基地 NDVI 值较高的区域主要集中基地中部和中南部的马家滩镇、惠安堡镇、冯记沟乡和韦州镇。宁东镇整体 NDVI 值较低，NDVI 灰度图显示多为灰偏黑。主要由于 2010 年宁东基地处于大规模开发建设阶段，建设用地和开发建设备用地几乎没有植被覆盖，因而 NDVI 值较小，灰度图颜色多为灰偏黑。

宁东镇鸭子荡水库内部及周边 NDVI 值较大，植被生长状态较好。宁东镇的道路及工厂边界处 NDVI 值较高，是因为绿化带建设和水土保持方案的实施，工厂在水土保持责任防治区内种植植被，使得植被覆盖较好。

惠安堡镇、马家滩镇和冯记沟乡白芨滩村、枣儿塔山村、叶儿庄村、汪家河沿村和太阳山能源新材料基地及周边地区 NDVI 值较大。这些乡镇农村居民点集中，农业生产水平较为成熟，耕地面积大。

宁东基地白芨滩自然保护区覆盖范围内 NDVI 值增长，因为在该区域的生态恢复政策及恢复措施实施对植被盖度增加有积极的影响。冯记沟乡和惠安堡镇分布有大量的水保林、灌木林地和天然草地，其中飞播种草示范区位于冯记沟乡，生态恢复状况良好，NDVI 值值域范围分布较广，NDVI 值均衡。

（2）2015 年宁东基地 NDVI 灰度空间分布信息

如图 5-1 所示，2015 年宁东基地 NDVI 值整体较 2010 年高，其中较高的区域主要分布在宁东镇、冯记沟乡、惠安堡镇和韦州镇等基地中部及中南部地区，这些区域植被恢复较好的区域主要是人口较多的建制镇和居民点。

宁东镇的鸭子荡水库水面 NDVI 值为 0 值，灰度图为黑色。水库周边 NDVI 值较高，生态恢复措施实施较好，鸭子荡水库及周边植被覆盖度比 2010 年增加，生态恢复状况趋好。宁东镇工厂在水土保持防治责任范围内及道路两侧种植植被，NDVI 值较高。宁东镇随着新城镇化和新工业园区进度的加快，宁东镇建设用地的面积在逐年稳步增加，分布有大量的工矿企业和居民点，整体 NDVI 值较低，灰度图呈现灰偏黑。

惠安堡镇、马家滩镇和冯记沟乡及周边分布有大量的水土保持措施，植被恢复良好，NDVI 值较高，主要原因是针对这些地方实施了大量的生态恢复措施。局部地区因沙地和裸地的存在，植被恢复状况较差，NDVI 值极低。

惠安堡镇南部及韦州镇由于分布有大量的农村居民点，农业生产较集中，技术较成熟，有大片的农用地，因此 NDVI 值较高。

（3）2015 年与 2010 年宁东基地 NDVI 灰度空间分布信息对比

从图 5-1 可以看出，2015 年 NDVI 值较 2010 年更大并且分布范围更广，更加均匀。究其原因，宁东基地正在建设绿色生态景观长廊，坚持将宁东基地建成现代生态和谐的能源化工基地。

从乡镇水平进行对比，宁东镇整体 NDVI 值增加，2015 年 NDVI 值比 2010 年高，分布较均匀。从土地利用数据来看，独立工矿企业建设备用地减少，企业绿化及道路绿化，人工草地和水保林的种植等综合因素，宁东镇 NDVI 值增加。宁东镇正在实施新城镇化和绿化城镇等项目，使得土地集约利用，生态建设加强，植被盖度不断提高，NDVI 值也会呈持续增加的特点。

2015 年磁窑堡镇、冯记沟乡和惠安堡镇 NDVI 值比 2010 年大，NDVI 灰度整体由黑向灰转变。从土地利用类型数据和政策来看，由于在 2010—2015 年期间大量的水保工程的建设及大规模的飞播种草等生态恢复措施实施，改变了宁东基地土地利用类型面积占比，植被覆盖度增加。水土保持工程措施和生物措施的实施，大面积的植树造林，沙地和裸地面积减少，土地利用类型为裸地和沙地的 NDVI 灰度由黑向灰转变，情况趋好。韦州镇持续水土保持措施和绿化措施的实施，耕地以外区域 NDVI 值也相应增加。2010—2015 年期间，宁东基地 NDVI 值整体呈现增加的特点。

3　结论

（1）研究将 NDVI 灰度空间分布数据与土地利用类型数据相结合，能够较好地反映宁东基地不同空间面积的植被覆盖情况，方便快捷地对不同土地利用类型与植被覆盖变化之间的关系得出结果和结论，为宁东基地水土保持动态监测研究提供科学方法和技术支撑。

（2）通过研究分析得到，2010-2015 年期间，宁东基地 NDVI 值整体呈现增加的特点。

（3）利用空间统计方法对 NDVI 灰度空间分布数据和植被覆盖空间变化特征进行分析，有助于监测并了解宁东地区生态环境总体动态状况，增强对植被覆盖空间模式变化规律的理解和认知。

（4）NDVI 在一定的空间尺度和时间序列内，能够反映土壤侵蚀等级和土地利用植被类型，对宁东基地生态恢复监测提供更加简便有效的方法，可以作为生态恢复效果的判断依据。

4　讨论

研究对 NDVI 灰度空间分布信息在宁东基地生态动态监测过程中的作用进行了分析，它与土地利用和土壤侵蚀的关系做了相关性分析并得到了适宜的结果，但是依旧有一些问题和展望需要探讨。

（1）本次研究采用 TM 影像提取 NDVI 值，TM 影像的分辨率为 30 m × 30 m，在宁东基地的生态监测过程中较为适宜，但是在区域分析过程中精度效果不理想，未来结合高分影像提取 NDVI 值是区域植被盖度分析的趋势。

（2）高分辨率影像的分辨率高，时效性强的特性，在分析区域水土保持等方面应用有至关重要的作用。目前有许多热门的研究中正在逐步采用高分影像提取高精度的 NDVI 值，由于高分辨率影像数量少、成本高的原因，至今仍未得到普及。随着科技技术的发展，我国及其他国家不断地发射搭载不同高分辨率传感器的卫星，在以后的科学研究中，高分辨率影像数量增多，成本会降低，应用更广。

（3）从全面快速监测角度分析，NDVI 值在区域水土保持生态环境动态监测中可以高效、高质量地反映植被覆盖度等生态恢复状况，为以后的监测研究工作提供更加便捷和优越的方法支撑。在研究过程中采用 NDVI 值对宁东基地整体或区域的土壤侵蚀等级和土地利用类型做预判，计算和研究过程简单、快捷，结果可信，对以后的监测工作有更好的指示作用。

第六章　基于 NDVI 的宁东基地水土保持生态环境动态监测

植被覆盖度和生物量是植被动态资源监测的重要指标。近年来，关于植被指数与气象因子的相关性研究一直是全球研究的重点，归一化植被指数（NDVI）被广泛应用于生态环境领域的研究中。生物量是指一定时间下，一个面积或体积单元内所要研究的生物的总体数目或总干重。草地地上生物量是草地生产效益的基础，可用作生产指标，定量估算草地生物量，可为草地生产估测和监管提出科学依据。

随着科学技术的发展，遥感技术为植被监测开辟了新的途径，在估测植被地上生物量的研究中得到了广泛应用。遥感技术可以准确、及时获取某区域植被地上生物量，分析其随时间、空间变化的特征，是实现合理设计水土保持方案及实施生态恢复措施的新技术，是用来确定区域生态系统完整性和可持续性的关键。基于卫星遥感的归一化植被指数（NDVI）虽然并不是对生物量或初级生产力的直接测量，但由于它与生物量之间良好的相关关系，可以较好地反映植被的覆盖度和产量信息，在植被估产、生物量监测等方面得到了广泛的应用。此外，由于 NDVI 数据基于遥感技术，空间各点的数据具有时间上的一致性，可比性高。因此，对 NDVI 的时空变化进行分析可有效反映地面生物量的时空变化情况。

宁东基地处于干旱半干旱的农牧交错区，主要生态系统类型为荒漠草原，生态环境异常严酷，土壤贫瘠。随着全球气候变化和草原荒漠化的加剧，荒漠草原面临着生产力下降明显、生态系统抗干扰能力差、土地沙化、草地退化和土壤退化等问题。近年来，由于水土保持方案和生态恢复措施的实施，宁东基地荒漠草原土壤沙化、植被退化趋势减轻。目前，国内外利用植被指数构建生物量估测模型的研究很多，大多采取植被指数与地面生物量的回归分析建立模型。

研究以 TM 遥感影像为数据源获取 NDVI 数据，结合野外调研实测样点数据和草原站采样数据，建立线性回归模型并进行回归分析，对宁东基地全域地上生物量进行推演估算。同时，研究结合结皮有机质实测数据，通过模型模拟 NDVI 值与土壤结皮及生物量之间的关系，旨在通过对生物量监测来评价水土保持方案和生态恢复措施实施后的生态效应，为预测区域植被未来发展演化的趋势，加强植被管理、植被动态监测提供科学依据。

1 研究方法和数据来源

1.1 数据来源

1.1.1 遥感影像

研究选择 2010 年的 Landsat-7 TM 遥感影像和 2015 年 Landsat-8 TM 两景影像，空间分辨率为 30 m×30 m。均选择与采样相同时期、植被生长茂盛的 8 月份。

坐标系统选择：高斯－克吕格（Gauss-Kruger）投影，CGCS2000 国家大地坐标系，1985 国家高程基准。

利用 ENVI 遥感影像处理软件对源数据进行辐射定标、几何校正和大气校正等处理。

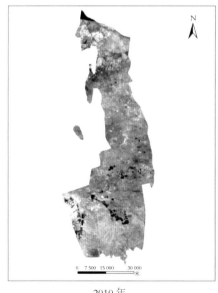
2010 年

2015 年

图 6-1 宁东基地 TM 遥感影像图

1.1.2 采样数据

（1）生物量的采集

针对研究区内不同生态恢复措施、不同地形条件，对植被群落进行调查。研究区共采集 28 个样地，每个样地为 20 m×20 m，在每个样地中选择典型的 5 个样方（1 m×1 m），分别在样地四角及中心位置，四角样方采集草本植物生物量，中心样方采集灌木植物生物量，采用收获法（齐地分种剪下 1 m×1 m 样方内所有植物种类的地上部分）获得与遥感影像同期的地上生物量，作为该样地的地上生物量。将采集的灌木植物进行预处理、烘干和称重等，经过计算得到灌木植物生物量。

（2）植被盖度验证

外业野外实地调查主要采用样方法进行植被盖度的测量；人工目视解译主要是根据影像的色调、纹理来区分不同等级的植被盖度，并通过实地调查和野外验证，建立植被盖度判读标志。

（3）土壤采样

对研究区内不同生态恢复措施、不同土地利用类型的土壤进行随机取样，测定土壤的含水量。土壤含水量一般是指土壤绝对含水量，即 100 g 烘干土中含有若干克水分，也称土壤含水率。测定土壤含水量可掌握作物对水的需要情况，对农业生产有很重要的指导意义。土壤采样深度为 30 cm，采集后立即装入铝盒中，然后将土壤样品放在 105℃±2℃ 的烘箱中持续烘 8 小时直至恒重。本实验共采集 51 个土样，测定其含水量。

（4）土壤结皮的采样

土壤结皮是土壤在自然状态下形成的"保护层"，它的存在可以使得土壤变得稳定，使土壤的抗风蚀性有显著的提高，可以有效地抵抗冬春季节严重的风蚀。测定土壤有机质含量的多少，在一定程度上可反映土壤的肥沃程度。按不同土地类型，对研究区内有林地、灌木林地、沙地等随机采集土壤结皮，每类地类选 2~4 个样地，通过自封袋编号进行命名（如：自封袋 1 命名为 Z1），共采集 54 个样本。采集后的土壤结皮在实验室经过自然风干，压碎研磨、过筛等预处理后，测定土壤结皮的有机质含量。

1.2 研究方法

1.2.1 植被生物量估算方法

根据研究内容，植被生物量主要分为以下几个部分。

（1）实地调查采样，通过实验方法获得采样点地上生物量数据，代表现有气候条件下潜在植物群落生物量。

（2）以 2010、2015、2016 年 TM 遥感影像为数据源，在 ENVI5.2 中提取宁东基地 NDVI 值数据。

（3）应用模型法结合 NDVI 值估算 2016 年宁东基地地上生物量，利用植被光谱特征，基于植被指数与实地调查数据建立回归模型进行估算，模拟 2016 年宁东基地地上生物量空间分布。

（4）利用 2016 年宁东基地地上生物量估测所建立的回归模型，结合 2010 年和 2015 年 NDVI 值数据，推演 2010 年和 2015 年地上生物量空间分布、生物量总量值和空间变化值。

1.2.2 GIS 方法

研究以 ArcGIS 软件为平台，应用多种 GIS 空间分析方法。

（1）基础数据处理、拼接裁剪。结合高分辨率遥感影像，目视判读解译宁东基地土地利用类型现状，裁剪研究区所需影像。

（2）地统计分析。采用地统计分析模块，根据实地调查数据，通过空间局部插值法，研究宁东基地生物量采样数据空间分布特征。

（3）叠加分析。应用分析模块，采用叠加分析对图层进行擦除、交集操作、图层合并和修正更新。研究还运用 3D 分析等相关空间分析模块。

2 基于 TM 影像的宁东基地 NDVI 提取计算

在遥感数字处理软件 ENVI5.2 中，选择 Transform 菜单下 NDVI 模块进行计算，也可以通过 BasicTools 下的 BandMath 自定义计算 NDVI。计算公式为：

$$NDVI = \frac{B4 - B3}{B4 + B3} \tag{1}$$

其中 B4 代表 TM 影像近红外波段的数据；B3 代表 TM 影像红光波段的数据。

计算得到研究区 2010 年和 2015 年的 NDVI 灰度图（如图 6-2 所示）。

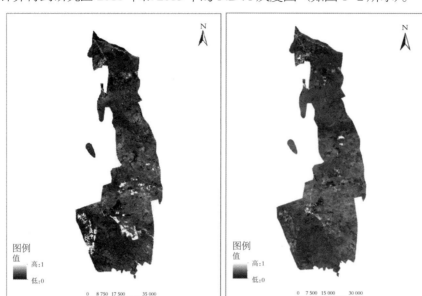

2010 年　　　　　　　　　　　　　　2015 年

图 6-2　基于 TM 的宁东基地 NDVI 灰度图

3　宁东基地地上生物量估算

3.1　生物量估测模型构建

根据宁东基地治理方案以及实地调查数据，样点分布图如图 6-1 所示，本研究选用时下常用的 4 种回归模型进行地上生物量估算，包括线性模型：y=Ax+B；非线性模型：y=Aln（x）+B、y=Ax2+Bx+C、y=Ax3+Bx2+Cx+D。选取最优模型进行计算。其中 y 代表地上生物量，x 代表归一化植被指数，A、B、C 和 D 为参数。因为已有对地上生物量与 NDVI 相关关系分析中常采用线性模型，且线性模型能够充分说明二者的正负关系，因此研究采用线性模型作为回归模型函数。

3.2　模型结果与分析

首先在 R 软件下对宁东基地 2016 年地上生物量与对应年份 NDVI 值进行 pearson 相关性检验，检查研究区内地上生物量与 NDVI 值是否存在相关性，标准如表 6-1 所示。由表 6-2 和图 6-3 可知，宁东基地 2016 年地上生物量与 NDVI 值呈显著线性正相关。

表 6-1 pearson 相关性检验标准

相关系数	取值范围	相关性
Q	0.8<Q<1.0	极强相关
	0.6<Q<0.8	强相关
	0.4<Q<0.6	中度相关
	0<Q<0.2	极弱相关或无相关关系

表 6-2 2016 年地上生物量与 NDVI 相关性

Q	2016 年	回归方程
	$R^2=0.6459$	$y=757.39x+61.077$

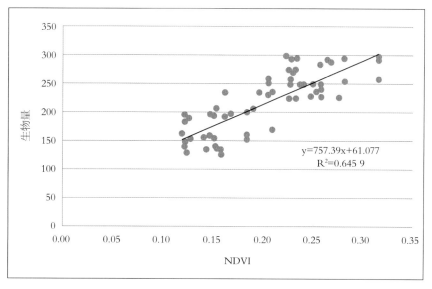

图 6-3 2016 年地上生物量与 NDVI 值的散点图

3.3 地上生物量回归模型验证

根据采样数据对备选模型进行精度检验，验证其拟合效果。研究通过 2016 年回归模型推演宁东基地 2015 年地上生物量。选择线性回归模型作为地上生物量模型，分别选择 2015 草原站提供的采样点数据进行验证，与所选模型的模拟值进行误差分析。

由表 6-3 可以看出，2015 年地上生物量实测值与回归模型模拟值误差在 −4.83～4.23 之间，误差百分比均在 13% 以内，说明一次线性模型可以较好地拟合该区域地上生物量，反映该地区植被生长情况。

表 6-3　2015 年生物量实测值与一次线性模型模拟值误差表

	实测值	模拟值	差值（实测值 − 模拟值）	百分比（差值／模拟值）
1	21.36	23.07	−1.71	−0.07
2	26.01	23.07	2.94	0.13
3	56.00	60.83	−4.83	−0.08
4	58.02	56.62	1.40	0.02
5	55.10	51.24	3.86	0.08
6	39.00	38.11	0.89	0.02
7	46.60	44.43	2.17	0.05
8	51.00	46.77	4.23	0.09
9	59.00	56.77	2.23	0.04
10	44.00	39.94	4.06	0.10

3.4　地上生物量推演与估测

以 2010 年研究区的 NDVI 灰度数据为基础，应用 2016 年宁东基地所建立的生物量估测回归模型，对 2010 年宁东基地植被生物量进行推演及估测。同时，将 2010、2015 年研究区的样点生物量通过回归模型推演到宁东基地全域，得到 2010 年及 2015 年宁东基地地上生物量空间分布图，如图 6-4 所示。

2010 年生物量　　　　　　　　　　2015 年生物量

图 6-4　宁东基地生物量估测图

3.5 地上生物量估算结果

根据一次线性回归模型估算出宁东基地地上生物量空间分布，估算出 2015 年地上生物量与 2010 年地上生物量，并计算出 2015 年地上生物量与 2010 年地上生物量变化情况，如表 6-4 所示。

表 6-4 宁东基地一次线性模型估算结果

时间	平均生物量	变化量	变化率
2010 年	1 002.09 kg/hm²	786.15 kg/hm²	78.5%
2015 年	1 788.24 kg/hm²		

3.6 结皮有机质与 NDVI 值

项目组成员通过实验室油浴测定有机质的方法获取结皮采样点有机质含量，通过 ArcGIS 软件获取野外结皮采样点处的 NDVI 值，将两组数据在空间上叠加、统计等空间分析，结果如表 6-5 所示。

表 6-5 NDVI 值与有机质含量表

编号	NDVI	有机质含量	编号	NDVI	有机质含量
Z1	0.21	12.60	Z25	0.24	21.24
Z2	0.19	9.79	Z26	0.18	7.39
Z3	0.19	17.50	Z27	0.28	10.44
Z4	0.19	22.30	Z28	0.17	16.30
Z5	0.25	9.88	Z29	0.17	37.96
Z6	0.14	18.05	Z30	0.17	22.64
Z7	0.18	34.35	Z31	0.17	8.41
Z8	0.14	43.52	Z32	0.17	5.52
Z9	0.18	11.49	Z33	0.17	11.10
Z10	0.12	52.69	Z34	0.22	12.17
Z11	0.17	31.25	Z35	0.40	13.53
Z12	0.18	7.27	Z36	0.12	8.95
Z13	0.19	1.03	Z37	0.20	11.06
Z14	0.16	2.30	Z38	0.16	10.34
Z15	0.26	11.07	Z39	0.08	5.60

编号	NDVI	有机质含量	编号	NDVI	有机质含量
Z16	0.19	10.73	Z40	0.14	38.06
Z17	0.13	3.64	Z41	0.16	27.65
Z18	0.22	9.12	Z42	0.17	6.35
Z19	0.14	8.30	Z43	0.19	39.87
Z20	0.13	32.37	Z44	0.18	11.92
Z21	0.15	38.32	Z45	0.22	22.97
Z22	0.20	9.51	Z46	0.21	9.12
Z23	0.07	29.33	Z47	0.27	7.65
Z24	0.26	9.71	Z48	0.23	13.58

表 6-5 数据显示，结皮有机质含量和 NDVI 值之间有着很好的耦合性：结皮有机质含量越高，NDVI 值越大；结皮有机质含量越低，NDVI 值越小。

3.7 地上生物量空间分布变化

宁东基地地上生物量的变化量及变化率显著增加。从空间分布上表现为以下特点。

（1）由图 6-4、表 6-4 可以看出，宁东基地 2010—2015 年时间段内，地上生物量变化量达到了 786.15 kg/hm²，较 2010 年变化率（增长率）达到 78.5%。

（2）2010 年宁东基地地上生物量分布有明显的空间差异，具体表现为基地范围内的宁东镇、马家滩镇、惠安堡镇和韦州镇地上生物量值较大。从图 6-4 可以看出，宁东镇的鸭子荡水库、惠安堡镇北部、韦州镇、刘忠窑村及周边植被覆盖度高，土地利用类型主要为天然草地和耕地，生物量较高。宁东基地中部植被长势一般，生物量分布范围较广，以磁窑堡镇为代表。

（3）2015 年宁东基地地上生物量分布有明显的空间差异，具体表现为基地范围内的冯记沟乡、惠安堡镇和韦州镇较大。从图 6-4 可以看出，宁东镇鸭子荡水库内部及周边植被覆盖度较高，地上生物量较大。宁东镇布有大量的工矿企业，道路绿化带和工厂内部绿化使得地上生物量增加，道路及工厂边界处生物量增加。白芨滩村、枣儿塔山村、叶儿庄村、汪家河沿村和太阳山新能源化工基地及周边地区地上生物量较大。冯记沟乡和惠安堡镇分布有大量的水保林、灌木林地和天然草地，生物量分布较广，地上生物量丰度均衡。

4　结论

研究以遥感影像为数据源，获取宁东基地 NDVI 灰度空间分布数据，通过实地采样获取研究区随机样点生物量值，对二者进行拟合分析，建立回归模型，并利用回归模型将样点生物量值推演至整个研究区，得到以下几个结论。

（1）研究通过建立地上生物量与 NDVI 值之间的回归模型并进行拟合分析，最终结果表现出极显著相关性，说明该方法适用于宁东基地生物量估测。

（2）从地上生物量估测结果中可以看出，宁东基地在 2010—2015 年时间段内，地上生物量有了极显著的增加。

（3）结皮有机质含量和 NDVI 值有较好的相关性。

数据显示有机质含量高的地区其植被覆盖度和 NDVI 值也较高。在植被长势较好的区域，植物冠幅下结皮发育良好。这可在一定程度上防止地表起沙，同时生物结皮可滞留和吸附矿灰和风沙细粒，可促进土壤肥力的形成和发育。在生物结皮发育比较好的地方，有机质含量高于其他区域；宁东基地近几年平均降水量较往年有所增加，温度与往年相近，这就给植被的生长提供了适宜的条件。

5　讨论

研究基于 TM 遥感影像、气象资料和社会经济资料等，将 NDVI 值与 2016 年生物量采样数据结合，构建估测回归模型对 2015 年地上生物量进行估测并验证，得到了较优的回归模型。利用回归模型对研究区 2010 年地上生物量进行推演和估测并与 2015 年的估测结果进行了对比分析。研究有一些问题和展望需要进一步探讨。

（1）由于生物量数值未能有一个标准和规范用来分级区划，已有研究中生物量数值等级划分是根据特定研究区域的实际情况，与宁东基地不同。后续的研究中，可以持续采样分析，将宁东基地生物量分等定级的与土壤侵蚀做叠加对比综合分析。

（2）2003 年美国 NASA 发射的搭载 Landsat-7 传感器卫星出现故障，直至 2013 年发射 Landsat-8 传感器才可以再次传送 TM 遥感影像至地球接收端。本研究采用的 2010 年 TM 影像正好受到影响，出现了一些条带。虽然采用三次卷积和邻近值法对影像进行了修正和补充，但是在提取 NDVI 值灰度和生物量估测时出现大量的异常值，去除异常值时有部分影像栅格斑块消失，对生物量估测结果有一些影响。

（3）对宁东基地全域结皮进行采样涉及实验较为繁琐，工作量大，本次研究选择了部分样点进行采样分析。宁东基地火电厂产生的燃煤烟尘等对研究区土壤所含元素的含量及有机质含量影响很大，以至于对 NDVI 值也会产生深远影响。目前结合 NDVI 值来衡量宁东区域植被生长状态及生态恢复效果，可能会在局部存在失准信息，在今后研究中需予以区别对待。

（4）土壤结皮对 NDVI 值的贡献。生物结皮在干旱、半干旱地区分布广泛，其生长状况常作为生态系统稳定和退化生态系统恢复状况评价的重要指标之一。侵蚀环境下生物结皮发挥着重要的固土蓄肥功能，这对研究区退化生态系统的恢复和重建具有积极的意义。

由于生态恢复措施的成功实施，植被覆盖度增大，植被下的地衣、苔藓等较粗糙的表面能富集较多的大气降尘及沙尘，而土壤有机质等养分物质的增加主要是由生物结皮中生物成分的新陈代谢积累的。生物结皮对土壤表层 N 素积累有重要作用，可显著提高土壤氮素含量，增加土壤肥力，为荒漠草原植被恢复创造条件。

第七章　基于宁东干旱特点的水土保持
生态环境变化研究

干旱是一种涉及自然、经济、社会的气候现象，是土壤—植物—大气连续系统（SPAC）中水分循环、水分再分配和水分平衡的共同结果。作为一种气象灾害，干旱长期困扰着工农业生产。持续性干旱会造成作物体内水分亏缺，影响正常生长发育。人工植被建设是干旱区生态恢复的重要途径。实践证明，植物固沙能够有效遏制沙漠化的发展、减轻风沙危害和促进局部区域生境恢复。降水是自然植被恢复的主要水分来源。生态建设需要水的支持，同时建成植被由于蒸腾需要消耗大量的水分，因而对土壤水分有很大的依赖性，持续的缺水会影响生态建设工程的成效。植被建设过程中，人工林草地需要大量的供水，出现了以土壤旱化为主要特征的地力衰退和土壤退化特征，为防止此类现象在宁东基地再现，有必要分析宁东基地气候干旱特点。

干旱指数可以评价气候条件的干旱程度。结合降水、气温等气象观测数据，建立各种干旱指标，进行干旱研究工作，分析植被覆盖变化与气候干旱条件之间的关系。随着遥感对地观测技术的发展，遥感技术应用到干旱状况的监测中，通过分析干旱状况下植被生物生理特性和生长状况，达到干旱遥感监测的目的。卫星遥感技术具有宏观、连续、长期的对地监测能力，在干旱植被研究中发挥着越来越重要的作用，为深入揭示干旱植被对环境变化的宏观响应奠定了良好的基础。

宁东基地地处中温带干旱气候区，具有典型的大陆气候特征：干旱、雨量少而集中，蒸发强烈，冬寒长，夏热短，温差大，日照长，光能丰富，冬春季多风沙，无霜期短等。降雨多集中在 7、8、9 三个月，多年平均降水量为 255.2 mm，蒸发量为 2 088.2 mm。年平均气温为 6.7～8.8℃，10 年平均积温为 3 334.8℃，无霜期多年平均为 154 天。研究基于 MODIS NDVI 遥感数据获取了宁东基地地表植被覆盖度数据，结合研究区同期降雨量和温度数据，从 16 年的时间序列上分析了研究区植被覆盖度对气候变化的响应。研究统计分析了研究区的干旱程度结合 NDVI 指标，探讨水分亏缺程度同植被覆盖度之间的关系，分析宁东基地干旱对植被生长状况的影响，为宁东基地生态恢复提供更合理的依据。

1 研究方法与数据来源

1.1 数据来源

（1）影像数据

MODIS NDVI 数据，空间分辨率为 250 m，时间为 2000 年至 2015 年每年 3 月、7 月。

（2）气象资料

灵武站收集的宁东基地年平均气温、平均降水、风速等基本气象资料，2000—2015年宁东基地降雨数据。

1.2 研究方法

研究以宁东基地 16 年的 MODIS NDVI 数据为基础数据，将 NDVI 值与每一年干旱状况相结合，通过分析得出 NDVI 与干旱等级之间逐年的关系，并能够在空间上将这种关系更直观的体现。宁东基地面积为 3 483.70 km²，植被类型多以天然草地为主，研究采用多时间序列和大空间尺度对宁东基地干旱情况进行研究。

（1）干旱气象评估指标

年降水量的多年变化是影响区域水分平衡的重要因子，利用多年降水量的变化可以从大尺度上说明区域内水分盈亏状况。研究结合宁东基地 16 年（2000—2015）的降水资料，根据干旱评估国家标准分析宁东基地的干旱时空分布特点。

采用降水量距平百分率法作为宁东基地干旱评估的方法。降水量距平百分率是表征某时段降水量较气候平均状况偏少程度的指标之一，能直观反映降水异常引起的农业干旱程度。降水量距平均百分率等级适合于无土壤湿度观测、无水源供给的荒漠草原区和农业区的植被及作物生长季。具体表达式为：

$$D_p = \frac{P - \overline{P}}{\overline{P}} \times 100\% \tag{1}$$

式中：D_p—计算期内降水量距平百分比（%）；P—计算期内降水量（mm）；$\overline{P}$—计算期内多年平均降水量（mm）。

（2）旱灾等级的划分标准

干旱具有区域性、季节性、随机性、时间与空间的连续性等特征。因此，研究针对宁东基地降雨特点，对其干旱的特点进行估算。计算期确定应根据不同季节选择适当的计算期长度。根据宁东基地的地理特征和气候条件，春季宜采用 3 月份，夏季宜采用 7 月份。由于考虑到宁东基地的气候条件和植被的干旱评估指标的准确性，降水距平旱情等级划分参照表 7-1。

表 7-1　旱灾等级的划分及旱灾情况

季节	计算时段	轻旱	中旱	重旱	特大干旱
春季	3 月	$-30 \geqslant D_p \geqslant -50$	$-50 \geqslant D_p \geqslant -65$	$-65 \geqslant D_p \geqslant -75$	$D_p \leqslant -75$
夏季	7 月	$-20 \geqslant D_p \geqslant -40$	$-40 \geqslant D_p \geqslant -60$	$-60 \geqslant D_p \geqslant -80$	$D_p \leqslant -80$

根据公式（1），结合宁夏宁东基地 16 年（2000—2015）降水数据，参照旱灾等级的划分标准（表 7-1），得出 2000—2015 年宁夏宁东基地干旱等级。

（3）NDVI 灰度图

在遥感数字处理软件 ENVI5.2 中可以直接选择 Transform 菜单下 NDVI 功能模块计算，得到研究区不同时相的 NDVI 灰度图。

2　结果与分析

根据干旱指数计算结合 NDVI 得到宁东基地 2000—2015 年干旱等级划分表，如表 7-2所示。

表 7-2　宁东基地 2000—2015 年干旱等级划分表

时间	干旱指数	NDVI	干旱等级	时间	干旱指数	NDVI	干旱等级
2000 年 3 月	−83	0.051 8	特大干旱	2000 年 7 月	31	0.066 3	
2001 年 3 月	−83	0.047 4	特大干旱	2001 年 7 月	−2	0.064 2	
2002 年 3 月	23	0.047 9		2002 年 7 月	−51	0.122 9	中旱

时间	干旱指数	NDVI	干旱等级	时间	干旱指数	NDVI	干旱等级
2003 年 3 月	−28	0.056 4		2003 年 7 月	−67	0.113 5	重旱
2004 年 3 月	−100	0.053 5	特大干旱	2004 年 7 月	−57	0.108 2	中旱
2005 年 3 月	−79	0.053 3	特大干旱	2005 年 7 月	−78	0.073 1	重旱
2006 年 3 月	−98	0.049 7	特大干旱	2006 年 7 月	71	0.083 1	
2007 年 3 月	206	0.049 6		2007 年 7 月	−86	0.112 5	特大干旱
2008 年 3 月	−96	0.054 1	特大干旱	2008 年 7 月	28	0.091 3	
2009 年 3 月	−62	0.051 6	中旱	2009 年 7 月	−63	0.095 0	重旱
2010 年 3 月	−60	0.052 5	中旱	2010 年 7 月	−75	0.133 0	中旱
2011 年 3 月	−40	0.062 5	轻旱	2011 年 7 月	93	0.101 0	
2012 年 3 月	−36	0.056 0	轻旱	2012 年 7 月	82	0.152 4	
2013 年 3 月	−100	0.062 1	特大干旱	2013 年 7 月	−54	0.156 1	中旱
2014 年 3 月	−100	0.063 2	特大干旱	2014 年 7 月	−58	0.118 5	中旱
2015 年 3 月	−100	0.058 8	特大干旱	2015 年 7 月	−77	0.099 0	中旱

2.1 宁东基地干旱的特征分析

2.1.1 干旱发生的季节性

干旱发生的季节性包括单季旱和连季旱两种类型。根据宁东基地 16 年的统计数据，从表 7-2 数据分析如下。

单季旱发生频繁，其中春旱发生的频率为 87.5%，春季轻旱的发生频率为 12.5%、中旱的发生频率为 12.5%、重旱的发生频率为 0、特大干旱的发生频率为 56%；宁东基地干旱发生在夏季的频率为 62.5%，其中轻旱的发生频率为 0、中旱的发生频率为 37.5%、重旱的发生频率为 18.8%、特大干旱的发生频率为 6%。宁东基地春旱的发生频率明显大于夏季，其主要原因是春季降水量少且风沙大，降水多集中在夏季，持续特大干旱，如 2004—2006 年。

从表 7-2 所示的宁东基地 16 年干旱统计数据可以看出，发生春夏连旱的频率为 43.8%。就其统计结果可知，宁东基地发生春夏连旱的频率小于单季旱，主要由于宁东基地春季 3～5 月降雨量偏少，8～9 月降雨集中。

某些时间段内出现了春夏连旱，因为当年 3～5 月降水量偏少，夏季降水量集中但较往年偏少，导致年内发生春夏季连旱，如 2004 年、2005 年、2009 年、2010 年、2013 年、2014 年和 2015 年。

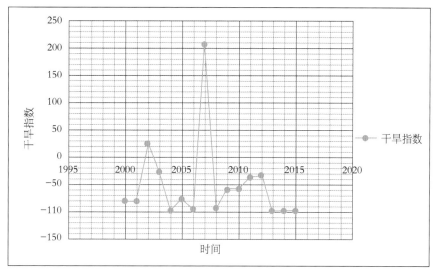

图 7-1 宁东基地 2000—2015 年春季（3 月）干旱灾害指数

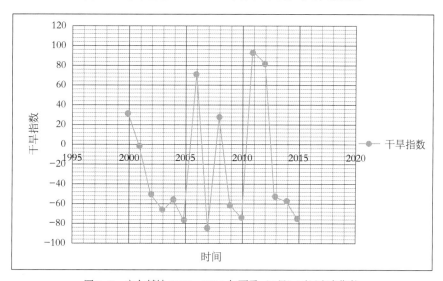

图 7-2 宁东基地 2000—2015 年夏季（7 月）干旱灾害指数

2.1.2 干旱发生的随机性和频繁性

根据宁东基地 2000—2015 年 16 年的统计数据结果显示，研究期间干旱的发生没有明显的规律可循。

图 7-1 数据显示，春旱在 2000—2001 年和 2013—2015 年期间发生的次数多，程度较高，夏旱在这两个时间段发生的程度一般。而在 2004—2006 年这 3 年期间发生春旱的次数和 2013—2015 年一样多，但程度基本一致。2002—2005 年这 4 年期间

夏旱发生的次数多。图7-1和7-2数据显示，2007年春季降水比较多，没有发生春旱，但是夏季出现特大干旱，主要是由于当年夏季8~9月降水同往年相比较少，并且温度高，蒸散量比较大。

宁东基地干旱发生的随机性很大，没有明显的规律性，对宁东基地干旱预报有很大的困难，研究结果表明干旱发生的频率较高，从表7-2中可以看出2000—2015年这16年中几乎每一年都有不同程度的干旱发生，因此在宁东基地生态恢复过程，应考虑该区域干旱发生频繁的特点。

2.1.3 干旱发生的持续性

干旱常有持续发生的情况，严重干旱往往都是连季旱造成的。季节干旱的持续性，对干旱程度影响显著，干旱持续的时间越长，受旱面积越大，旱情等级也就越高，造成的经济损失就越大。宁东基地2000—2015年这16年之间，就春夏连旱的发生次数为7次（表7-2）。通过对计算结果的统计分析，可知宁夏宁东基地2000—2015年这16年期间，发生了几次较大的连年干旱，有2004—2005年，2009—2010年，2013—2015年，连续干旱年对当地的植被恢复极为不利。

2.2 宁东基地干旱指数与NDVI关系

干旱往往与植被的长势的情况有着紧密的关系。从图7-3和表7-2可以看出，一般情况下干旱指数越大，NDVI值也越大，例如，2011年3月和7月以及2012年3月和7月的NDVI值明显大于其他时间段。

同时，也存在干旱指数与NDVI值无明显正相关关系甚至是逆向的关系，例如，2013年3月和7月以及2014年的3月和7月，尤其是2007年3月这样的逆向关系最为明显。宁东基地干旱指数与NDVI之间没有明确的规律，结果如下：

（1）在2000—2015年时间段内，政府每年都在不断制定水土保持方案并实施生态恢复措施，修建水土保持工程和生物措施，这就直接增加了地上生物量固定值。

（2）NDVI值受影像质量影响，在不同时间段或影像质量不同，其值都有变化。

（3）由于NDVI灰度空间分布数据与降水、气温、叶面积指数和蒸散率、城市热岛等许多因素有密切相关，这些因素的干扰给NDVI数据带来了一定的不确定性。

2.3 宁东基地降水量与NDVI关系

宁东基地天然植被中有很多植物属于一年生植物和短命植物，在合适的降雨条件下才能迅速生长发育乃至繁殖。数据显示，宁东基地降水量与植被生长存在滞后的现象，研究根据影像处理后统计的 NDVI 灰度空间分布数据选择同时期的数据。

因此，研究以 2000—2010 年时间尺度内每年 6 月的总降水量和 7 月的 NDVI 平均值为数据基础，利用 R 软件对两部分数据进行拟合。由图 7-3 及表 7-2 数据显示可知，在采用三次多项式回归模型后，研究区内降水量与 NDVI 平均值很强相关性，相关系数达到 0.5907。

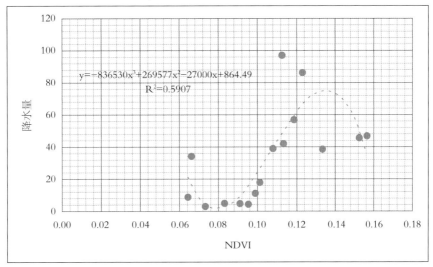

图 7-3　宁东基地 6 月降水量与 7 月 NDVI 拟合图

2.4　宁东基地气候特征与植被覆盖度间的关系

宁东基地独特的地理位置，复杂多样的生态条件，是产生景观多样性和生物群落多样性的重要条件。

（1）当地原生植被多年生植被主要以荒漠草原和草原带沙生植被为主。主要为一年生或多年生、旱生或超旱生灌木、半灌木或草本植物。这些植物多耐旱、耐寒、耐土壤瘠薄。当地的原生植被受气候波动影响较小，只是在长势上因降水多少呈现一定的差异。

（2）宁东基地荒漠草原主要以强旱生灌木及小半灌木。伴生群落有旱生的一年生或多年生杂草。植被覆盖度较低，且受气候变化影响严重。干旱年份，很多一年生植被生长不良乃至死亡。丰水年或雨季，一年生或短命植物生长良好，并迅速增加了地表覆盖度，造成植被很茂盛的假象。只有当荒漠草原植物群落中多年生草本和灌木占主导时且分布均匀并有一定覆盖度才能有效地控制侵蚀。

（3）人工植被多分布于工矿企业绿化用地及道路两侧绿化用地，由于这些区域配套有灌溉设施结合人工管理，所以长势良好，存活率较高。

2.5 宁东基地干旱灾害成因分析

（1）降水不均。造成干旱灾害的直接原因是降水量偏少或年际、年内变化大。宁东基地长年干旱，雨水奇缺，年平均降水量在 200 mm 左右，而蒸发量却是它的 5～10 倍。降水量的显著偏少，导致宁东基地干旱灾害频发。即使是全年降水量丰盈的年份，也有可能出现干旱灾害，因为宁东基地降水主要集中在夏秋两季，而冬春季节降水较少，不利于春播农作物的生长、发育，甚至导致绝收。可见，降水年内变化大也是造成干旱的重要原因；

（2）地理位置特殊。宁东基地深居内陆，水气输送量少是我区干旱少雨的根本原因。地势高、大气中水汽含量小。宁东基地一些山地土层薄，土壤蓄水量小，植被覆盖度为 10%～20%。宁东基地从西面、北面至东面，分别由腾格里沙漠、乌兰布和沙漠与毛乌素沙地相围。独特的地理位置，是决定它常年遭受干旱危害的主要原因之一。

3 结论

本研究采用降水量距平百分率法，研究采用多时间序列和大空间尺度对宁东基地干旱情况进行了研究，以宁东基地 2000—2015 年共计 16 年降水数据为基础，建立了研究区干旱模型，对研究区在 16 年时间内的干旱等级进行分级研究。采用研究区 16 年的 MODIS NDVI 数据作为分析植被情况的数据源，将 NDVI 值与每一年干旱情况相结合，通过分析得出 NDVI 值与干旱等级之间逐年的关系，并在空间上直观的体现。

研究的结论如下。

（1）宁东基地春旱的发生频率高，春旱的发生频率明显大于夏季，发生春夏连旱的频率小于单季旱。

（2）宁东基地干旱发生具有随机性大，没有准确规律性的特点，干旱预报困难。

（3）干旱发生的频率较高，从 2000—2015 年 16 年间每年都有不同程度的干旱发生，宁东基地干旱发生具频繁性的特点。

（4）在 2000—2015 年 16 年的时间序列里，宁东基地发生过几次较严重的连续干旱，对生态恢复极为的不利。

（5）宁东基地降水量与 NDVI 平均值有很强的相关性，呈现三次多项式关系，相关系数达到 0.590 7，对宁东基地生态恢复有较好的指示作用。

4 讨论

（1）研究通过将干旱指数与 NDVI 值进行拟合分析，拟合结果显示两者之间相关性不强，是有很多因素直接或间接影响导致，如干旱指数所采用的的站点不均匀、数据精度、NDVI 值得稳定性等，有待进一步研究。

（2）干旱与前一个月降水数据有强的相关性，研究只考虑了降水与干旱之间的关系，温度对干旱的影响并没有进行研究，有待于结合降水数据，考虑更多影响因子，得到更精确的干旱指数数据。

（3）干旱影响植被的长势和成活率，然而植被也可能加强干旱，干旱期间减少的云量导致陆地表面吸收更多的太阳辐射，因此温度较高。有待进一步研究植被与干旱的关系。

第八章　宁东基地水土保持生态环境质量评价

生态环境质量是指生态环境的优劣程度，它以生态学理论为基础，在特定的时间和空间范围内、生态系统层次上，反映生态环境对人类生存及社会经济持续发展的适宜程度，根据人类的具体要求对生态环境的性质及变化状态的结果进行评定。生态环境质量评价就是根据特定的目的，选择具有代表性、可比性、可操作性的评价指标和方法，对生态环境质量的优劣程度进行定性或定量的分析和判别。

区域生态环境的质量评价一般采用定性评价和定量评价两种方法。定性评价一般选取对生态环境影响较大的指标进行评价，根据该指标的大小或优劣程度评价生态环境的好坏；而定量评价则采取一定的公式或模型对指标系统进行计算，根据计算结果的大小对生态环境进行评价。相关研究者从小流域尺度、城市尺度、县域尺度和全国尺度等不同研究尺度，应用脆弱度计算法、层次分析法、综合模型法和生态足迹法等方法，对不同区域的生态环境脆弱度形势、生态环境变化趋势、生态环境质量中心变化轨迹、生态环境状况现状等进行了研究。这些研究根据研究区域的具体情况、评价的目标、重点及方向的不同，建立适合研究区的评价指标体系，这些指标体系在研究具体区域比较有针对性。

结合水土保持的生态环境评价，大多数学者从生态环境效益、生态安全评价和生态脆弱性等角度进行评价。以上评价只从某一方面对水土保持生态环境进行评价，不能综合反映水土保持治理所引起的生态环境质量的变化，评价方法没有特定的行业标准进行参考，研究者往往要根据研究区实际情况及前人研究的结果，筛选合适的方法与指标体系，从某一方面对研究区水土保持生态环境进行评价。对区域水土保持生态环境动态监测，为水土流失公告提供辅助资料，需要科学、通用的方法。因此在 2000—2010 年宁东基地水土保持生态环境动态监测评价中，参照《生态环境状况评价技术规范（试行）》（HJ/T192-2006）的相关技术规定，对宁东基地开发建设前后水土保持生态环境的变化进行评价。

《生态环境状况评价技术规范（试行）》（HJ/T192-2006）是生态环境部于2006 年发布的，这是我国第一个综合性生态环境评价标准，适用于我国县域、省域的生态环境状况及变化趋势，为生态环境评价提供了科学合理的方法。许多学者基于此方法对我国不同流域、城市、县域等不同区域尺度进行了生态环境质量评价。

2015 年国家生态环境部对《生态环境状况评价规范》行业标准做出修改，修订后《生态环境状况评价技术规范》主要内容中生态环境状况评价通过生物丰度指数、植被覆盖指数、水网密度指数、土地胁迫指数、污染负荷指数五个分指数和一个环境限制指数综合反映。五个分指数分别反映被评价区域内生物的丰贫，植被覆盖的高低，供水量，遭受的胁迫强度和承载的污染物压力。环境限制指数是约束性指标，根据区域内出现的严重影响人居生产生活安全的生态破坏和环境污染事项对生态环境状况进行限制和调节。通过连续评价分析将生态环境波动变化较大的区域作为重点监控区，避免生态环境发生退化。

本研究通过分析修订后的《生态环境状况评价技术规范》（HJ/T192-2015）各项指标，显示新规范扩展了评价数据来源，丰富了指数信息含量：植被覆盖度指数用归一化植被指数（NDVI）的区域均值来表示。土地开发利用过程中人类干扰对生态环境质量的影响得到更多体现，在新标准中，土地胁迫指数通过重度侵蚀土壤、中度侵蚀土壤、新增建设用地、新增其他土地胁迫面积比例来计算，其中其他胁迫因素包括新增加的沙地、盐碱地、裸地、裸岩等面积。增加对突发环境事件、环境违法案件的考虑，突出体现评价区域内所受纳的环境污染压力。修订版规范将环境质量指数改为污染负荷指数，利用评价区域单位面积所受纳的污染负荷表示。同时，与试行版规范相比增加了环境限制指数，将突发环境事件、环境污染、生态破坏、生态环境违法案件列为环境限制指数的约束内容。

《生态环境状况评价技术规范》具有规范性，适用范围广的特点。参考该标准对宁东基地水土生态环境进行评价，可以从多个方面综合反映宁东水土生态环境现状及变化趋势。对比旧标准，新标准扩展了评价数据来源，丰富了指数信息含量，更多体现土地开发利用过程中人类干扰对生态环境质量的影响。

1 研究方法与数据来源

1.1 研究方法

本次研究选用新标准《生态环境状况评价技术规范》（HJ/T192-2015）的相关技术规定，选取适当的评价指标，对宁东基地、宁东工业园区和太阳山能源新材料基地 2010 年和 2015 年水土保持生态环境的变化进行评价。

1.2 宁东基地水土保持生态环境评价指标

1.2.1 评价指标选取原则 评价指标选取原则

（1）代表性原则：能够反映生态环境本质特征。

（2）全面性原则：指标体系尽可能反映自然、生态和社会特征。

（3）综合性原则：能够反映环境保护的整体性和综合性特征。

（4）简明性原则：指标尽可能地少，评价方法尽可能地简单。

（5）方便性原则：指标的数据易于获得和更新。

（6）适用性原则：易于推广应用。

1.2.2 评价指标及涵义

（1）生物丰度指数：指评价区域内生物的丰贫程度。

（2）植被覆盖度指数：指被评价区域植被覆盖的程度，利用评价区域单位面积归一化植被指数（NDVI）表示。

（3）水网密度指数：指被评价区域内供水量，利用评价区域内单位面积河流总长度、水域面积和水资源量表示。

（4）土地胁迫指数：指被评价区域内土地质量遭受胁迫的程度，利用评价区域内单位面积上水土流失、土地沙化、土地开发等胁迫类型面积表示。

（5）污染负荷指数：指被评价区域内受纳污染物负荷，用于反映评价区域所承受的环境污染压力。

（6）环境限制指数：是约束性指标，指根据区域内出现的严重影响人居生活安全的生态破坏和环境污染事项对生态环境状况进行限制。

1.3　评价指标的权重及计算方法

1.3.1　生物丰度指数的权重及计算方法

（1）生物丰度指数的权重（表 8-1）

表 8-1　生物丰度指数分权重

类型	林地			草地			水域湿地				耕地		建筑用地			未利用地				
权重	0.35			0.21			0.28				0.11		0.04			0.01				
结构类型	有林地	灌木林地	蔬林地和其他林地	高覆盖度草地	中覆盖度草地	低覆盖度草地	河流	湖泊(库)	滩涂湿地	永久性冰川雪地	水田	旱地	城镇建设用地	农村居民点	其他建设用地	沙地	盐碱地	裸土地	裸岩石砾	其他未利用地
分权重	0.6	0.25	0.15	0.6	0.3	0.1	0.1	0.3	0.5	0.1	0.6	0.4	0.3	0.4	0.3	0.2	0.3	0.2	0.2	0.1

（2）计算方法

生物丰度指数 $=A_{bio}\times$（$0.35\times$林地 $+0.21\times$草地 $+0.28\times$水域湿地 $+0.11\times$耕地 $+0.04\times$建筑用地 $+0.01\times$未利用地）/区域面积

式中：A_{bio}，生物丰度指数的归一化系数

1.3.2　植被覆盖指数的权重及计算方法

$$植被覆盖指数 =NDVI\,区域均值 =A_{veg}\times\left(\frac{\sum\limits_{i=1}^{n}P_i}{n}\right)$$

式中：P_i，5-9 月象元 NDVI 月最大值的均值，

　　　n，区域象元数，

　　　A_{veg}，植被覆盖指数的归一化系数。

1.3.3　水网密度指数计算方法

水网密度指数 =（$A_{riv}\times$河流长度 / 区域面积 $+A_{lak}\times$湖库（近海）/ 区域面积 $+A_{res}\times$水资源量 */ 区域面积）/3

式中：A_{riv}，河流长度的归一化系数

　　　A_{lak}，湖库面积的归一化系数

　　　A_{res}，水资源量的归一化系数

水资源量计算方法：

$$水资源量^* = \begin{cases} 水资源量 & \dfrac{水资源量}{水资源量_{年平均值}} \leqslant 1.4 \\[2mm] 水资源量_{年平均值} \times \left(2.4 - \dfrac{水资源量}{水资源量_{年平均值}}\right) & 1.4 < \dfrac{水资源量}{水资源量_{年平均值}} \leqslant 2.4 \\[2mm] 0 & \dfrac{水资源量}{水资源量_{年平均值}} > 2.4 \end{cases}$$

1.3.4 土地胁迫指数的权重及计算方法

（1）土地胁迫指数的权重（表8-2）

表 8-2 土地胁迫指数分权重

土地退化类型	重度侵蚀	中度侵蚀	建设用地	其他土地胁迫
权重	0.4	0.2	0.2	0.2

（2）计算方法

土地胁迫指数 $= A_{ero} \times$（0.4×重度侵蚀面积 +0.2×中度侵蚀面积 +0.2×建设用地面积 +0.2×其他土地胁迫）/区域面积

式中：A_{ero}，土地胁迫指数的归一化系数

1.3.5 污染负荷指数的权重及计算方法

（1）污染负荷指数权重

污染负荷指数权重如表8-3所示。

表 8-3 污染负荷指数分权重

类型	二氧化硫	化学需氧量	氨氮	烟（粉）尘	氮氧化物	固体废物
权重	0.20	0.20	0.20	0.10	0.20	0.10

（2）计算方法

污染负荷指数 $= 0.20 \times$（$100 - A_{SO2} \times SO_2$ 排放量 / 区域面积）$+ 0.20 \times$（$100 - A_{COD} \times COD$ 排放量 / 区域年降水总量）$+ 0.10 \times$（$100 - A_{sol} \times$ 固体废物排放量 / 区域面积）$+ 0.20 \times$（$100 - A_{NH3} \times$ 氨氮排放量 / 区域年降水总量）$+ 0.20 \times$（$100 - A_{NOX} \times$ 氮氧化物排放量 / 区域面积）$+ 0.10 \times$（$100 - A_{YFC} \times$ 烟(粉)尘 / 区域面积）

式中：A_{SO2}，SO_2 的归一化系数，

A_{COD}，COD 的归一化系数，

A_{sol}，固体废物的归一化系数，

A_{NH3}，氨氮的归一化系数，

A_{NOX}，氮氧化物的归一化系数，

A_{YFC}，烟（粉）尘的归一化系数。

1.3.6 环境限制指数

环境限制指数是生态环境状况的约束性指标，指根据区域内出现的严重影响人居生产生活安全的生态破坏和环境污染事项，如重大生态破坏、环境污染和突发环境事件等，对生态环境状况类型进行限制和调节，（表 8-4）

表 8-4 各项评价指标权重

分类		判断依据	约束内容
突发环境事件	特大环境事件	按照《突发环境事件应急预案》，区域发生人为因素引发的特大、重大、较大或一般等级的突发环境事件，若评价区域发生一次以上突发环境事件，则以最严重等级为准。	生态环境不能为"优"和"良"，且生态环境质量级别降 1 级。
	重大环境事件		
	较大环境事件		生态环境级别降 1 级。
	一般环境事件		
生态破坏环境污染	环境污染	存在环境保护主管部门通报的或国家没提报道的环境污染或生态破坏事件（包括公开的环境质量报告中的超标区域）。	存在国家环境保护部通报的环境污染或生态破坏事件，生态环境不能为"优"和"良"，且生态环境质量级别降 1 级；其他类型的环境污染或生态破坏事件，生态环境级别降 1 级。
	生态破坏		
	生态环境违法案件	存在环境保护主管部门通报或挂牌督办的生态环境违法案件。	生态环境级别降 1 级。
	被纳入区域限批范围	被环境保护主管部门纳入区域限批的区域。	生态环境级别降 1 级。

1.3.7 生态环境状况指数计算方法及评价分级

（1）各项评价指标权重（表 8-5）

表 8-5 各项评价指标权重

指标	生物丰度指数	植被覆盖指数	水网密度指数	土地胁迫指数	污染负荷指数	环境限制指数
权重	0.35	0.25	0.15	0.15	0.10	约束性指标

（2）生态环境状况指数计算方法

生态环境状况指数（EcologicalQualityIndex，EQI）计算方法如下：

生态环境状况指数 =0.35×生物丰度指数 +0.25×植被覆盖指数 +0.15×水网密度指数 +0.15×（100- 土地胁迫指数）+0.10×（100- 污染负荷指数）+ 环境限制指数

注：如果只考虑与水土保持生态环境变化紧密的生物丰度、植被覆盖、水网密度、土地胁迫四项因子，不考虑污染负荷指数变化时，污染负荷指数取值 0 来计算生态环境状况指数。

（3）生态环境质量分级

根据生态环境状况指数，将生态环境质量分为五级，即优、良、一般、较差和差，见表 8-6。

表 8-6　生态环境状况分级

级别	优	良	一般	较差	差
指数	E QI≥75	55≤EQI<75	35≤EQI<55	20≤EQI<35	EQI<20
状态	林草覆盖率好，生物多样性好，生态系统稳定，最适合人类生存。	林草覆盖率较高，生物多样性较丰富，基本适合人类生存。	林草覆盖率中等，生物多样性一般水平，较适合人类生存，但有不适人类生存的制约性因子出现。	植被覆盖较差，严重干旱少雨，物种较少，存在着明显限制人类生存的因素。	条件较恶劣，人类生存环境恶劣。

（4）生态环境状况变化幅度分级

以同一地区前后两次调查值的差 ΔEI 表示该地区生态环境状况变化幅度。

生态环境状况变化幅度分为 4 级，即无明显变化、略有变化（好或差）、明显变化（好或差）、显著变化（好或差），见表 8-7。

表 8-7　生态环境状况变化度分级

级别	无明显变化	略有变化	明显变化	显著变化
变化值	$|\Delta EI|<1$	$1≤|\Delta EI|<3$	$3≤|\Delta EI|<8$	$|\Delta EI|≥8$
描述	生态环境质量无明显变化。	如果 $1≤|\Delta EI|<3$，则生态环境质量略微变好；如果 $-1>\Delta EI≥-3$，则生态环境质量略微变差。	如果 $3≤\Delta EI<8$，则生态环境质量明显变好；如果 $-3≥\Delta EI>-8$，则生态环境质量明显变差。	如果 $\Delta EI≥8$，则生态环境质量显著变好；如果 $\Delta EI≤-8$，则生态环境状况质量变差。

根据《生态环境状况评价技术规范》（HJ/T192-2015）的相关技术规定的相关

内容取归一化系数，见表 8-8。

表 8-8　归一化系数

类别	归一化系数
生物丰度指数	511.26
植被覆盖指数	0.01
河流长度	84.37
湖库面积	591.79
水资源量	86.39
土地胁迫指数	236.04
二氧化硫	0.06
化学需氧量	4.39
固体废弃物	0.07
氨氮	40.18
氮氧化物	0.51
烟（粉）尘	4.09

1.4　数据来源

评价过程中所用数据的来源如下。

（1）土地利用数据通过遥感解译及野外调查验证获取，宁东基地土地利用 TM 影像解译，2010 年和 2015 年两期，两个重点研究区应用高分辨率遥感影像解译，2010 年和 2015 年两期。

（2）植被覆盖度通过 NDVI 区域均值表示，NDVI 是通过 TM 影像进行波段计算获得。

（3）土壤侵蚀强度是由土地利用、植被盖度（监测报告中的植被盖度）等专题图层在 ArcGIS 平台下应用空间叠加分析，以土壤侵蚀判读标准为依据，并参照其他因子综合判读的方法获取。

（4）环境数据的二氧化硫排放量、化学需氧量、固体废物产生量、氮氧化物排放量、氨氮排放量及烟（粉）尘排放量，由宁夏环境保护厅环境监测总站收集整理。

（5）降雨量及水资源量，由宁夏水利厅水文监测站、宁东水务局和太阳山水务局收集整理。

表8-9 生物丰度指数各项指标

类型	林地 (km²)			草地 (km²)			水域湿地 (km²)				耕地 (km²)		建筑用地 (km²)			未利用地					生物丰度指数
权重	0.35			0.21			0.28				0.11		0.04			0.01					
结构类型	有林地	灌木林地	疏林地及其他	高覆盖度	中覆盖度	低覆盖度	河流	湖泊(库)	滩涂湿地	永久性冰川雪地	水田	旱田	城镇建设用地	农村居民点	其他建设用地	沙地	盐碱地	裸土地	裸岩石砾	其他未利用地	
分权重	0.6	0.25	0.15	0.6	0.3	0.1	0.1	0.3	0.5	0.1	0.6	0.4	0.3	0.4	0.3	0.2	0.3	0.2	0.2	0.1	
2010年	24.18	310.32	68.51	124.54	1 598.31	352.87	16.91	10.34	0.00	0.00	309.94	198.16	33.66	50.49	196.36	100.10	29.30	59.70	0.00	0.00	28.49
2015年	235.23	177.96	12.10	539.86	1 481.33	26.68	18.71	21.23	0.00	0.00	296.73	197.95	33.76	43.30	208.03	90.64	26.55	73.66	0.00	0.00	35.90

生物丰度指数 $= A_{bio} \times$ {0.35×(0.6×有林地+0.25×灌木林地+0.15×疏林地)+0.21×(0.6×高覆盖度草地+0.3×中覆盖度草地+0.1×低覆盖度草地)+0.28×(0.1×河流+0.3×湖库+0.5×滩涂+0.1×永久性冰川雪地)+0.11×(0.6×水田+0.4×旱田)+0.04×(0.3×城镇建设用地+0.4×农村居民点+0.3×其他建设用地)+0.01×(0.2×沙地+0.3×盐碱地+0.2×裸土地+0.2×裸岩石砾+0.1×其他未利用用地)}/区域面积

2 宁东基地水土保持生态环境评价

2.1 宁东基地 2010 年与 2015 年生态环境状况指数

2.1.1 生物丰度指数

通过遥感解译及野外调查验证得到宁东基地有林地、灌木林地、疏林地、草地、水域湿地、耕地、建设用地及未利用地的面积，见表 8-9。

结合生物丰度指数计算公式，计算得出 2010 年宁东基地生物丰度指数由 28.49 增大到 2015 年的 35.90，生物的丰富度增加。

2.1.2 植被覆盖指数

通过表 8-10 中的公式，计算得出 2010 年宁东基地植被覆盖指数由 8.80 增加到 2015 年的 8.96，植被覆盖程度增加。

表 8-10　植被盖度指数各项指标

类型	植被覆盖度
2010 年	8.80
2015 年	8.96
植被覆盖度 $=\text{NDVI}_{区域均值}=A_{\text{veg}} \times \left(\dfrac{\sum\limits_{i=1}^{n} P_i}{n} \right)$	

2.1.3 水网密度指数

宁东基地河流长度、湖库面积及水资源量，见表 8-11。

表 8-11　水网密度指数各项指标

类型	河流长度（km）	湖库面积（km²）	水资源量（×10⁶m³）	水网密度指数
2010 年	274.33	10.34	68.70	3.37
2015 年	274.33	21.23	153.72	4.69
水网密度指数 $=(A_{\text{riv}} \times$ 河流长度 / 区域面积 $+A_{\text{lak}} \times$ 湖库(近海)/ 区域面积 $+A_{\text{res}} \times$ 水资源量 ^{x}/ 区域面积)/3				

结合水网密度指数计算公式，计算得出 2010 年宁东基地水网密度由 3.37 增加到 2015 年的 4.69。随着宁东基地火电、煤化工等大批企业进入投产，供水工程的建成投入，供水范围不断扩大，供水设施不断完善，为宁东基地的稳定发展打下了良

好的基础，可供水资源量增加，供水量增加。

2.1.4 土地胁迫指数

宁东基地轻度侵蚀面积、中度侵蚀面积及重度侵蚀面积，见表8-12。

表8-12 土地胁迫指数各项指标

类型	重度侵蚀（km²）	中度侵蚀（km²）	建筑用地（km²）	其他土地胁迫（km²）	土地胁迫指数
2010年	151.87	1 430.18	122.29	0.00	15.59
2015年	245.21	661.22	4.58	0.00	9.71
土地胁迫指数 = A_{ero} ×（0.4×重度侵蚀面积 +0.2×中度侵蚀面积 +0.2×建设用地面积 +0.2×其他土地胁迫）/ 区域面积					

结合土地胁迫指数计算公式，计算得出2010年宁东基地土地胁迫指数由15.59减小到2015的9.71，土地质量遭受胁迫的程度降低。

2.1.5 污染负荷指数

宁东基地二氧化硫排放量、化学需氧量、氨氮排放量、烟（粉）尘排放量、氮氧化物排放量和固体废物产生量及降雨量，见表8-13。

表8-13 污染负荷指数各项指标

类型	二氧化硫（t）	化学需氧量（t）	固体废物产生量（t）	氨氮（t）	烟（粉）尘（t）	氮氧化物（t）	降水量（mm）	污染负荷指数
2010年	4 200.05	1 743.45	1 231 257.01	304.06	22 750.32	77 855.02	176.50	29.96
2015年	68 125.53	2 392.49	7 625 100	239.01	6 308.61	77 119.86	185.8	40.20
污染负荷指数 = 0.20×（100 − A_{SO2} × SO₂排放量 / 区域面积）+0.20×（100 − A_{COD} × COD排放量/区域年降水总量）+0.10×（100 − A_{sd} × 固体废物排放量 / 区域面积）+0.20×（100 − A_{NH3} × 氨氮排放量 / 区域年降水总量）+0.20×（100 − A_{NOX} × 氮氧化物排放量 / 区域面积）+0.10×（100 − A_{YFC} × 烟(粉)尘 / 区域面积）								

结合污染负荷计算公式，计算得出2010年宁东基地污染负荷指数由29.96增大到2015年的40.20，宁东基地所承受的环境污染压力增大。

2.1.6 生态环境状况指数

根据计算得到的宁东基地生物丰度指数、植被覆盖指数、水网密度指数、土地胁迫指数和污染负荷指数，从水土保持具体情况换个角度、换种方法，按两种思路做进一步分析，按不考虑污染负荷指数变化和考虑污染负荷指数变化分别评价，结果如表8-14所示。

表 8-14　生态环境状况指数各项指标

指标	生物丰度	植被覆盖	水网密度	土地胁迫	污染负荷	环境限制指数	EQI（不考虑污染负荷指数变化）	EQI（考虑污染负荷指数变化）
2010 年	28.49	8.80	3.37	15.59	29.96	/	35.34	32.34
2015 年	35.99	8.96	4.69	9.71	40.20	/	39.08	35.06
生态环境状况指数 =0.35×生物丰度指数 +0.25×植被覆盖指数 +0.15×水网密度指数 +0.15×（100- 土地胁迫指数）+0.10×（100- 污染负荷指数）+ 环境限制指数								

（1）不考虑污染负荷指数变化，只考虑与水土保持生态环境变化紧密的生物丰度、植被覆盖、水网密度、土地胁迫四项因子，则宁东基地 2010 年与 2015 年生态环境状况指数分别为 35.34、39.08。

（2）考虑污染负荷指数变化，则宁东基地 2010 年与 2015 年生态环境状况指数分别为 32.34、35.06。

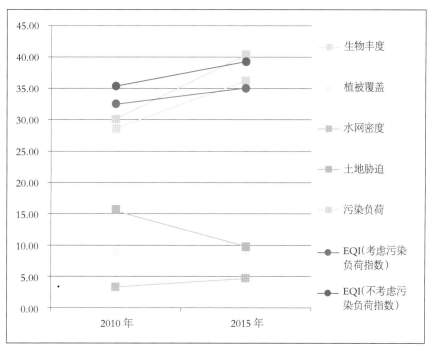

图 8-1　宁东基地生态环境状况指数变化图

（3）从计算结果来看，2010—2015 年，宁东基地生物丰度、植被覆盖、水网密度和土地胁迫情况变好；2010—2015 年，宁东基地火电、煤化工等大批企业进入投产，产能迅速释放，开始产生经济效益，相应的"三废"排放量陡增，污染负荷指数由 29.96 增加到 40.20，影响宁东基地整体生态环境状况指数的提升。综合五个指标评价，2010—2015 年，宁东基地生态环境状况指数增加，生态环境变好。

因此，宁东基地在继续抓好已有水土保持生态建设与保护各项工作的同时，要加强对"三废"的管控。

2.1.7　宁东基地 2010 年与 2015 年水土保持生态环境状况的研究

从计算结果来看，2010—2015 年，宁东基地生物丰度、植被覆盖、水网密度、土地胁迫情况变好，但随着企业产能释放，污染负荷指数增加，具体情况为。

（1）2010、2015 年，宁东基地生态环境状况指数 EQI 不考虑污染负荷指数变化为 35.34、39.08，按全国生态环境状况分级，在 35≤EQI<55 范围内，生态环境状况属"一般"水平，也就是中等水平。考虑污染负荷指数变化 EQI 为 32.34、35.06，按全国生态环境状况分级，2010 年在 20≤EQI<35 范围内，生态环境状况属"较差"水平，2015 年在 35≤EQI<55 范围内，生态环境状况属"一般"水平，也就是中等水平。

（2）从宁东基地生态环境状况指数 EQI 变化幅度来看，如果只考虑与水土保持生态环境状况紧密的生物丰度、植被覆盖、水网密度、土地胁迫 4 项指标，则 2010—2015 年，ΔEI 为 +3.74，属"明显变好"（3≤|ΔEI|<8）。

（3）如果同时考虑生物丰度、植被覆盖、水网密度、土地胁迫、污染负荷 5 项指标，则 2010—2015 年，ΔEI 为 +2.72，属"略微变好"（1≤|ΔEI|<3）。

2010—2015 年，宁东基地火电、煤化工等大批企业进入投产，产能迅速释放，开始产生经济效益。相应，二氧化硫、化学需氧量、固体废物等排放量陡增，污染负荷指数由 29.96 增加到 40.20，影响宁东基地整体生态环境状况指数的提升。

因此，宁东基地在继续抓好已有水土保持生态建设与保护各项工作的同时，要加强对"三废"的管控。

2.2　宁东工业园区 2010 年与 2015 年生态环境状况指数

2.2.1　生物丰度指数

通过遥感解译及野外调查验证得到宁东工业园区有林地、灌木林地、疏林地、草地、水域湿地、耕地、建设用地及未利用地的面积，见表 8-15。

结合生物丰度指数计算公式，计算得出 2010 年生物丰度指数由 25.58 增大到 2015 年的 31.82，生物的丰富度增加。

表8-15 生物丰度各项指标

类型	林地 (km²)			草地 (km²)			水域湿地 (km²)				耕地 (km²)		建筑用地 (km²)			未利用地 (km²)					生物丰度指数
权重	0.35			0.21			0.28				0.11		0.04			0.01					
结构类型	有林地	灌木林地	疏林地及其他	高覆盖度	中覆盖度	低覆盖度	河流	湖泊(库)	滩涂湿地	永久性冰川雪地	水田	旱田	城镇建设用地	农村居民点	其他建设用地	沙地	盐碱地	裸土地	裸岩石砾	其他未利用地	
分权重	0.6	0.25	0.15	0.6	0.3	0.1	0.1	0.3	0.5	0.1	0.6	0.4	0.3	0.4	0.3	0.2	0.3	0.2	0.2	0.1	
2010年	8.50	16.39	59.39	24.50	99.53	29.09	2.48	1.35	0.00	0.00	4.87	1.69	3.70	6.43	79.94	19.47	0.02	0.62	0.00	0.00	25.58
2015年	37.77	31.55	16.26	49.21	89.60	3.08	2.66	3.68	0.00	0.00	2.92	0.10	7.90	2.49	96.64	16.28	0.00	0.22	0.00	0.00	31.82

生物丰度指数 $=A_{bio}\times\{0.35\times(0.6\times$有林地 $+0.25\times$灌木林地 $+0.15\times$疏林地及其他$)+0.21\times(0.6\times$高覆盖度草地 $+0.3\times$中覆盖度草地 $+0.1\times$低覆盖度草地$)+0.28\times(0.1\times$河流 $+0.3\times$湖泊 $+0.5\times$滩涂 $+0.1$永久性冰川雪地$)+0.11\times(0.6\times$水田 $+0.4\times$旱田$)+0.04\times(0.3\times$城镇用地 $+0.4\times$农村居民点 $+0.3\times$其他建设用地$)+0.01\times(0.2\times$沙地 $+0.3\times$盐碱地 $+0.2\times$裸土地 $+0.2\times$裸岩石砾 $+0.1\times$其他未利用用地$)\}/$区域面积

2.2.2 植被覆盖指数

结合植被覆盖指数计算公式，计算得出 2015 年宁东工业园区植被覆盖指数，如表 8-16 所示，植被覆盖指数由 2010 年的 6.73 增大到 2015 年的 13.51。

表 8-16 植被盖度指数各项指标

类型	植被覆盖度
2010 年	4.92
2015 年	13.51
植被覆盖度 =NDVI $_{区域均值}$ $= A_{\text{veg}} \times \left(\dfrac{\sum\limits_{i=1}^{n} P_i}{n} \right)$	

2.2.3 水网密度指数

宁东工业园区河流长度、湖库面积及水资源量，见表 8-17。

表 8-17 水网密度指数各项指标

类型	河流长度（km）	湖库面积（km²）	水资源量（×10⁶m³）	水网密度指数
2010 年	17.87	3.72	50.59	7.47
2015 年	17.87	3.68	120.92	13.07
水网密度指数 =（A_{riv} × 河流长度 / 区域面积 +A_{lak} × 湖库（近海）/ 区域面积 +A_{res} × 水资源量 × / 区域面积）/3				

结合水网密度指数计算公式，计算得出 2010 年宁东工业园区水网密度由 7.47 增加到 2015 年的 13.07。随着宁东工业园区火电、煤化工等大批企业进入投产，可供水资源量增加，供水量增加。

2.2.4 土地胁迫指数

宁东工业园区轻度侵蚀面积、中度侵蚀面积及重度侵蚀面积，见表 8-18。

表 8-18 土地胁迫指数各项指标

类型	重度侵蚀（km²）	中度侵蚀（km²）	建筑用地（km²）	其他土地胁迫（km²）	土地胁迫指数
2010 年	26.88	74.85	33.64	0.00	13.18
2015 年	28.24	70.67	16.96	0.00	11.70
土地胁迫指数 =A_{ero} ×（0.4 × 重度侵蚀面积 +0.2 × 中度侵蚀面积 +0.2 × 建设用地面积 +0.2 × 其他土地胁迫）/ 区域面积					

结合土地胁迫指数计算公式，计算得出 2010 年宁东工业园区土地胁迫指数由 13.18 减小到 2015 的 11.70，土地质量遭受胁迫的程度降低。

2.2.5 污染负荷指数

宁东工业园区二氧化硫排放量、化学需氧量、氨氮排放量、烟（粉）尘排放量、氮氧化物排放量和固体废物产生量及降雨量，见表 8-19。

表 8-19 污染负荷指数各项指标

类型	二氧化硫（t）	化学需氧量（t）	固体废物产生量（t）	氨氮（t）	烟（粉）尘（t）	氮氧化物（t）	降水量（mm）	污染负荷指数
2010 年	2 175.80	602.14	121 257.01	304.06	19 811.12	68 819.92	176.50	61.24
2015 年	61 227.37	2 392.49	6 066 059.58	225.23	4 807.39	71 054.26	185.8	100
污染负荷指数 $=0.20\times(100-A_{SO2}\times SO_2$ 排放量／区域面积$)+0.20\times(100-A_{COD}\times COD$ 排放量／区域年降水总量$)+0.10\times(100-A_{sol}\times$ 固体废物排放量／区域面积$)+0.20\times(100-A_{NH3}\times$ 氨氮排放量／区域年降水总量$)+0.20\times(100-A_{NOX}\times$ 氮氧化物排放量／区域面积$)+0.10\times(100-A_{YFC}\times$ 烟（粉）尘／区域面积$)$								

结合污染负荷指数计算公式，计算得出 2010 年宁东工业园区污染负荷指数由 61.24 增大到 2015 年的 100，宁东工业园区所承受的环境污染压力增大。

2.2.6 生态环境状况

得到的宁东工业园区生物丰度指数、植被覆盖指数、水网密度指数、土地胁迫指数和污染负荷指数，从水土保持具体情况换个角度、换种方法，按两种思路做进一步分析，按不考虑污染负荷指数变化和考虑污染负荷指数变化，结果如表 8-20 所示。

表 8-20 生态环境状况各项指标

指标	生物丰度	植被覆盖	水网密度	土地胁迫	污染负荷	环境限制指数	EQI（不考虑污染负荷指数变化）	EQI（考虑污染负荷指数变化）
2010 年	25.58	4.92	7.47	13.18	61.24	／	34.33	28.20
2015 年	31.82	13.51	13.07	11.70	100.00	／	39.72	29.72
生态环境状况指数 $=0.35\times$ 生物丰度指数 $+0.25\times$ 植被覆盖指数 $+0.15\times$ 水网密度指数 $+0.15\times(100-$ 土地胁迫指数$)+0.10\times(100-$ 污染负荷指数$)+$ 环境限制指数								

（1）不考虑污染负荷指数变化，只考虑与水土保持生态环境变化紧密的生物丰度、植被覆盖、水网密度、土地胁迫四项因子，则宁东工业园区 2010 年与 2015 年生态环境状况指数分别为 34.33、39.72。

（2）考虑污染负荷指数变化，则宁东工业园区 2010 年与 2015 年生态环境状况指数分别为 28.20、29.72。

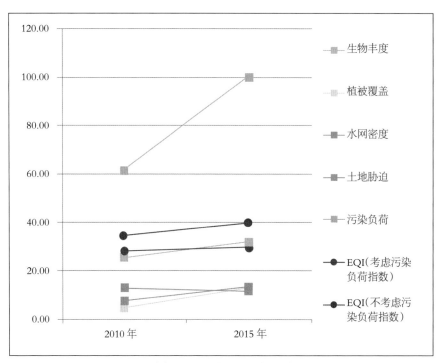

图 8-2　宁东工业园区生态环境状况指数变化图

（3）从计算结果来看，2010—2015 年，宁东工业园区生物丰度、植被覆盖、水网密度和土地胁迫情况变好；2010—2015 年，宁东工业园区火电、煤化工等大批企业进入投产，产能迅速释放，污染负荷指数显著增加，影响宁东工业园区整体生态环境状况指数的提升；综合五个指标评价，2010—2015 年，宁东工业园区生态环境状况指数增加，生态环境变好。

2.2.7　宁东工业园区 2010 年与 2015 年两期水土保持生态环境状况的研究评价

从计算结果来看，2010—2015 年，宁东工业园区生物丰度、植被覆盖、水网密度、土地胁迫情况变好，但随着企业产能释放，污染负荷指数增加，具体情况为：

（1）2010、2015 年，宁东工业园区生态环境状况指数 EQI 不考虑污染负荷指数变化为 34.33、39.72，按全国生态环境状况分级，2010 年在 20≤EQI<35 范围内，生态环境状况属"较差"水平，2015 年在 35≤EQI<55 范围内，生态环境状况属"一般"水平，也就是中等水平；考虑污染负荷指数变化 EQI 为 28.20、29.72，按全国生态环境状况分级，在 20≤EQI<35 范围内，生态环境状况均属"较差"水平。

表8-21　生物丰度指数各项指标

类型	林地 (km²)			草地 (km²)			水域湿地 (km²)				耕地 (km²)		建筑用地 (km²)			未利用地 (km²)					生物丰度指数
权重	0.35			0.21			0.28				0.11		0.04			0.01					
结构类型	有林地	灌木林地	疏林地及其他	高覆盖度	中覆盖度	低覆盖度	河流	湖泊(库)	滩涂湿地	永久性冰川雪地	水田	旱田	城镇建设用地	农村居民点	其他建设用地	沙地	盐碱地	裸土地	裸岩石砾	其他未利用地	
分权重	0.6	0.25	0.15	0.6	0.3	0.1	0.1	0.3	0.5	0.1	0.6	0.4	0.3	0.4	0.3	0.2	0.3	0.2	0.2	0.1	
2010 年	5.78	12.56	25.37	12.96	84.85	1.87	1.92	3.62	0.00	0.00	10.64	8.87	3.03	2.24	14.05	2.76	14.73	0.24	0.00	0.00	30.86
2015 年	6.31	16.26	19.82	17.78	78.23	1.28	2.01	3.63	0.00	0.00	11.27	8.14	3.22	2.36	18.09	2.58	14.53	0.00	0.00	0.00	26.10

生物丰度指数 $= A_{bio} \times \{0.35 \times (0.6 \times$ 有林地 $+0.25 \times$ 灌木林地 $+0.15 \times$ 疏林地 $+0.25 \times$ 灌木林地 $+0.15 \times$ 疏林地 $+0.21 \times (0.6 \times$ 高覆盖度草地 $+0.3 \times$ 中覆盖度 $+0.1 \times$ 低覆盖度 $)+0.28 \times (0.1 \times$ 河流 $+0.3 \times$ 湖泊 $+0.5 \times$ 滩涂 $+0.1 \times$ 永久性冰川雪地 $)+0.11 \times (0.6 \times$ 水田 $+0.4 \times$ 旱田 $)+0.04 \times (0.3 \times$ 城镇建设用地 $+0.4 \times$ 农村居民点 $+0.3 \times$ 其他建设用地 $)+0.01 \times (0.2 \times$ 沙地 $+0.3 \times$ 盐碱地 $+0.2 \times$ 裸土地 $+0.2 \times$ 裸岩石砾 $+0.1 \times$ 其他未利用地 $)\} /$ 区域面积

（2）从宁东工业园区生态环境状况指数 EQI 变化幅度来看，如果只考虑与水土保持生态环境状况紧密的生物丰度、植被覆盖、水网密度、土地胁迫 4 项指标，则 2010—2015 年，ΔEI 为 +5.39，属"明显变好"（$3 \leqslant |\Delta EI| < 8$）。

（3）如果同时考虑生物丰度、植被覆盖、水网密度、土地胁迫、污染负荷 5 项指标，则 2010—2015 年，ΔEI 为 +1.52，属"略微变好"（$1 \leqslant |\Delta EI| < 3$）。

2.3 太阳山能源新材料基地 2010 年与 2015 年生态环境状况指数

2.3.1 生物丰度指数

通过遥感解译及野外调查验证得到太阳山能源新材料基地有林地、灌木林地、疏林地、草地、水域湿地、耕地、建设用地及未利用地的面积，见表 8-21。

结合生物丰度指数计算公式，计算得出 2010 年太阳山能源新材料基地生物丰度指数由 30.86 减小到 2015 年的 26.10，生物丰富度降低。

2.3.2 植被覆盖指数

结合植被覆盖指数计算公式，计算得出 2010 年太阳山能源新材料基地植被覆盖指数由 9.52 增大到 2015 年的 20.28，植被覆盖程度增加，如表 8-22 所示。

表 8-22 植被盖度指数各项指标

类型	植被覆盖度
2010 年	9.52
2015 年	20.28
$植被覆盖度 = NDVI_{区域均值} = A_{veg} \times \left(\dfrac{\sum\limits_{i=1}^{n} P_i}{n} \right)$	

2.3.3 水网密度指数

太阳山能源新材料基地河流长度、湖库面积及水资源量，见表 8-23。

表 8-23 水网密度指数各项指标

类型	河流长度（km）	湖库面积（km²）	水资源量（$\times 10^6 m^3$）	水网密度指数
2010 年	42.39	3.62	1.60	9.50
2015 年	42.39	3.63	4.83	9.96
水网密度指数 =（$A_{riv} \times$ 河流长度 / 区域面积 +$A_{lak} \times$ 湖库(近海)/ 区域面积 +$A_{res} \times$ 水资源量 / 区域面积）/3				

结合水网密度指数计算公式，计算得出 2010 年太阳山能源新材料基地水网密度由 9.50 增加到 2015 年的 9.96。随着太阳山能源新材料基地庆华集团等企业投产，可供水资源量逐增加，供水量增加。

2.3.4 土地胁迫指数

太阳山能源新材料基地轻度侵蚀面积、中度侵蚀面积及重度侵蚀面积，见表 8-24。

表 8-24 土地胁迫指数各项指标

类型	重度侵蚀（km²）	中度侵蚀（km²）	建筑用地（km²）	其他土地胁迫（km²）	土地胁迫指数
2010 年	5.49	30.28	2.39	0.00	6.22
2015 年	4.18	19.01	4.36	0.00	4.52
土地胁迫指数 $=A_{ero}\times(0.4\times$ 重度侵蚀面积 $+0.2\times$ 中度侵蚀面积 $+0.2\times$ 建设地面积 $+0.2\times$ 其他土地胁迫)／区域面积					

结合土地胁迫指数计算公式，计算得出 2010 年太阳山能源新材料基地土地胁迫指数由 6.22 减小到 2015 的 4.52，土地质量遭受胁迫的程度降低。

2.3.5 污染负荷指数

太阳山能源新材料基地二氧化硫排放量、化学需氧量、氨氮排放量、烟（粉）尘排放量、氮氧化物排放量和固体废物产生量及降雨量，见表 8-25。

表 8-25 污染负荷指数各项指标

类型	二氧化硫（t）	化学需氧量（t）	固体废物产生量（t）	氨氮（t）	烟（粉）尘（t）	氮氧化物（t）	降水量（mm）	污染负荷指数
2010 年	582.59	347.25	47 713.00	0	487.7	1 250.4	176.50	4.98
2015 年	4 049.67	0	277 565.92	8.48	680.7	2 218.41	185.8	12.51
污染负荷指数 $=0.20\times(100-A_{SO2}\times SO_2$ 排放量／区域面积)$+0.20\times(100-A_{COD}\times COD$ 排放量／区域年降水总量)$+0.10\times(100-A_{sol}\times$ 固体废物排放量／区域面积)$+0.20\times(100-A_{NH3}\times$ 氨氮排放量／区域年降水总量)$+0.20\times(100-A_{NOX}\times$ 氮氧化物排放量／区域面积)$+0.10\times(100-A_{YFC}\times$ 烟(粉)尘／区域面积)								

结合污染负荷计算公式，计算得出 2010 年太阳山能源新材料基地污染负荷指数由 4.98 增大到 2015 年的 12.51，太阳山能源新材料基地所承受的环境污染压力增大。

2.3.6 生态环境状况

根据计算得到的太阳山能源新材料基地生物丰度指数、植被覆盖指数、水网密度指数、土地胁迫指数和污染负荷指数，从水土保持具体情况换个角度、换种方法，按两种思路做进一步分析，按不考虑污染负荷指数变化和考虑污染负荷指数变化分别评价，结果如表8-26所示。

表 8-26　生态环境状况各项指标

指标	生物丰度	植被覆盖	水网密度	土地胁迫	污染负荷	环境限制指数	EQI（不考虑污染负荷指数变化）	EQI（考虑污染负荷指数变化）
2010 年	30.86	9.52	9.50	6.22	4.98	/	38.67	38.18
2015 年	26.10	20.28	9.96	4.52	12.51	/	40.02	38.77
生态环境状况指数 =0.35×生物丰度指数 +0.25×植被覆盖指数 +0.15×水网密度指数 +0.15×（100- 土地胁迫指数)+0.10×（100- 污染负荷指数)+ 环境限制指数								

（1）不考虑污染负荷指数变化，只考虑与水土保持生态环境变化紧密的生物丰度、植被覆盖、水网密度、土地胁迫四项因子，则太阳山能源新材料基地 2010 年与 2015 年生态环境状况指数分别为 38.67、40.02。

（2）考虑污染负荷指数变化，则太阳山能源新材料基地 2010 年与 2015 年生态环境状况指数分别为 38.18、38.77。

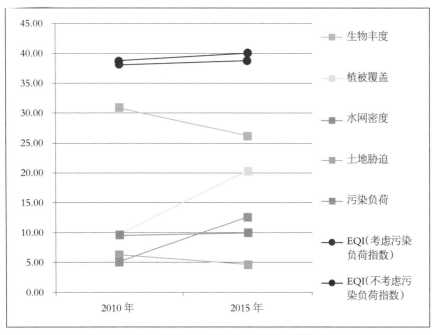

图 8-3　太阳山能源新材料基地生态环境状况指数变化图

（3）从计算结果来看，2010—2015 年，太阳山能源新材料基地植被覆盖、水网密度和土地胁迫情况变好；2010—2015 年，太阳山能源新材料基地火电、煤化工等大批企业进入投产，产能迅速释放，开始产生经济效益。相应的"三废"排放量明显增加，2015 年污染负荷指数由 4.98 增加到 12.51，影响太阳山能源新材料基地整体生态环境状况指数的提升；综合五个指标评价，2010—2015 年，太阳山能源新材料基地生态环境状况指数增加，生态环境变好。

2.3.7 太阳山能源新材料基地 2010 年与 2015 年两期水土保持生态环境状况的研究

从计算结果来看，2010—2015 年太阳山能源新材料基地，植被覆盖、水网密度、土地胁迫情况变好，污染负荷指数增加，具体情况为：

（1）2010、2015 年，太阳山能源新材料基地生态环境状况指数 EQI 不考虑污染负荷指数变化为 38.67、40.02；考虑污染负荷指数变化 EQI 为 38.18、38.77，按全国生态环境状况分级，在 35≤EQI<55 范围内，生态环境状况属"一般"水平，也就是中等水平。

（2）从太阳山能源新材料基地生态环境状况指数 EQI 变化幅度来看，如果只考虑与水土保持生态环境状况紧密的生物丰度、植被覆盖、水网密度、土地胁迫 4 项指标，则 2010—2015 年，ΔEI 为 +1.35，均属"略微变好"（$1 \leq |\Delta EI| < 3$）。

（3）如果同时考虑生物丰度、植被覆盖、水网密度、土地胁迫、污染负荷 5 项指标，则 2010—2015 年，ΔEI 为 +0.60，属"无明显变化"（$|\Delta EI| < 1$）。

2010—2015 年，太阳山能源新材料基地火电、煤化工等大批企业进入投产，产能迅速释放，开始产生经济效益。相应，二氧化硫、化学需氧量、固体废物等排放量陡增，污染负荷指数由 4.98 增加到 12.51，影响太阳山能源新材料基地整体生态环境状况指数的提升。

因此，和宁东工业园区一样，太阳山能源新材料基地在继续抓好已有水土保持生态建设与保护各项工作的同时，要加强对三废的管控。

3 结论

本次宁东基地水土保持生态环境动态监测，采用卫星遥感、地面定点监测和野外调查等技术手段，对宁东基地开发建设后期 2010 年和 2015 年两个时段土地利用、植被盖度、土壤侵蚀、水土保持措施等因子分别进行了监测。参照《生态环境状况评价技术规范》（HJ/T192-2015）评价方法，经综合分析评价，得出结论如下。

3.1 生态环境状况评价

（1）宁东基地生态环境综合评价结果表明，宁东基地2010年与2015年生态环境状况指数不考虑污染负荷指数变化为35.34、39.08，2010年到2015年变幅为+3.74，属"明显变好"；如果考虑污染负荷指数变化，2010、2015年生态环境状况指数为32.34、35.06，2010年到2015年变幅为+2.72，属"略微变好"。

（2）宁东工业园区生态环境综合评价结果表明，宁东工业园区2010年与2015年生态环境状况指数不考虑污染负荷指数变化为34.33、39.72，2010年到2015年变幅为+5.39，属"明显变好"；如果考虑污染负荷指数变化，2010、2015年生态环境状况指数为28.20、29.72，2010年到2015年变幅为+1.52，属"略微变好"。

（3）太阳山能源新材料基地2010年与2015年生态环境状况指数不考虑污染负荷指数变化为38.67、40.02，2010年到2015年变幅为+1.35，属"略微变好"；如果考虑污染负荷指数变化，2010、2015年生态环境状况指数为38.18、38.77，2010年到2015年变幅为+0.60，属"无明显变化"。

3.2 生态环境状况变化分析

从生态环境状况各分指数来看，2015年和2010年相比，宁东基地、宁东工业园区与太阳山能源新材料基地生物丰度指数、植被覆盖指数、水网密度指数均变大，土地胁迫指数变小，污染负荷指数变化明显，均变大。

生物丰度指数、植被覆盖指数、水网密度指数和土地胁迫指数向好的趋势发展，而污染负荷指数出现变差的趋势。从生态环境状况指数来看，2015年和2010年相比，宁东基地、宁东工业园区与太阳山能源新材料基地均变大，水土保持生态环境状况均略微变好。说明开发建设强度虽然加大，但由于水土保持治理投入加大，措施跟进，遏制水土保持环境变差，局部地区出现向好的趋势，水土保持生态环境整体趋好。随着环境治理的加强，宁东基地快速发展，水土保持生态环境也会随之改善。

4 讨论

4.1 生态环境评价方法的适用性

（1）《生态环境状况评价技术规范》（HJ/T192-2015）适用于我国县域、省域的生态环境状况及变化趋势。参照国家环境保护总局发布的《生态环境状况评价技术规范》（HJ/T192-2015）的相关技术规定，对宁东基地开发建设前后水土保持生态环境变化进行评价，具有一定的规范性。

（2）评价选取生物丰度指数、植被覆盖指数、水网密度指数、土地胁迫指数和污染负荷指数五个指标，对宁东基地开发建设前后水土保持生态环境变化进行评价，既可以反映 2010 年和 2015 年宁东基地、宁东工业园区和太阳山能源新材料基地生物的丰贫程度、植被覆盖的程度、供水量、土地质量遭受胁迫的程度、受纳污染物负荷等现状及 2010 年与 2015 年变化情况；又可以综合反映 2010 年和 2015 年宁东基地、宁东工业园区和太阳山能源新材料生态环境状况及这五年生态环境状况的变化趋势。

4.2 生态环境评价存在的问题

（1）评价指标中存在不合适的指标

宁东基地没有滩涂湿地、永久性冰川雪地，但在评价体系中，生物丰度指数中水域湿地分指标中包括滩涂湿地、永久性冰川雪地；且滩涂湿地分权重为 0.5，永久性冰川雪地分权重为 0.1，两个指标占水域湿地分指标的权重高达 0.6。

（2）指标权重有待完善

宁东基地属于我国北方对气候变化特别敏感的生态脆弱带。区内降水稀少，蒸发强烈，水资短缺，植被以荒漠草原为主，生态系统抗干扰能力、自我恢复能力极差。基地草地比例最大，对区域生态环境具有重大作用，宁东基地生态恢复以恢复草原生态系统为主。《生态环境状况评价技术规范》（HJ/T192-2015）中，林地权重最大，权重为 0.35，水域湿地权重次之，权重为 0.28，草地权重仅占 0.21。

4.3 建议

（1）在进行水土保持生态环境质量评价时，应充分考虑宁东基地明显的区域差异性，根据评价区域本身的环境条件，优化评价指标体系，去除规范中不合适的指标，如宁东基地没有滩涂湿地和永久性冰川雪地，应当去除滩涂湿地、永久性冰川雪地等指标。

（2）评价水土保持生态环境，要针对水土保持，对指标进行筛选，考虑污染负荷指数中的分指标是否有必要保留，如二氧化硫、氨氮等分指标。可根据需要，增加指标，更好的体现水保因子对宁东水土保持生态环境影响。

（3）未来对宁东基地水土保持生态环境评价时，可根据宁东实际情况，对《生态环境状况评价技术规范》中的指标进行筛选，建立更适合宁东基地水土保持生态环境评价的指标体系，然后通过专家打分法，确定各指标的权重，通过所获取的评价数据来计算最终的指数值，这样更为客观也更为科学。

第九章　总结与展望

1　总结

1.1　遥感影像监测在水土保持监测中优势凸显

不同遥感数据源分辨率不一样，在水土保持监测中优势凸显：中低分辨率遥感影像具有处理速递快、价格低、高频次的优势；高分辨率遥感影像判读数据分类准确、精度高的优点。

（1）在水土保持监测中应根据具体情况选用合适尺度数据

不同遥感数据源分辨率不一样，各有各的优势：中低分辨率遥感数据对于大范围连续监测，十分便捷，则在本次水土保持监测中应用在宁东基地范围的土地利用、土壤侵蚀、植被盖度提取分析中十分便捷；高分辨率遥感数据可分辨精度高，可以提取灰渣场、取弃土场、砂石料场、堆煤场等较高精度的位置、面积等数据，能够对宁东基地水土保持进行精确的监测，为本次宁东基地重点区域水土保持土地利用知识构建提供了精确的基础数据。

（2）基于 GF-1 影像构建了的宁东基地精准影像知识库

本次宁东基地全域采用 GF-1 影像，为区域水土保持土地利用构建知识库，为未来水土保持生态环境动态监测提供土地利用判读标志。也为宁东基地土壤侵蚀调查和水土保持生态环境效益评价提供详实数据。

（3）基于水土保持土地利用分类，准确提取宁东基地水土保持土地利用信息，其中灰渣场、取弃土场、砂石料场、堆煤场等均得到具有较高精度数据，可以对水土保持重点区域精确的监测。

1.2 高分影像用于宁东基地土地利用调查精度优势突出

（1）基于中等分辨率遥感影像不同时期的植被覆盖度变化能够很好地反映区域扰动动态变化情况，具有快速、高频次的优势；中等分辨率遥感影像能对大尺度生产建设项目扰动动态变化情况进行监管，结合已报批项目的防治责任范围图，可以初步判断项目扰动的合规性。

（2）高分辨率遥感影像能够完成中等分辨率遥感影像监管的各项内容，但由于幅宽小、价格高、数据量大、处理速度慢，更适合于单个项目或重点部位扰动动态变化监管；高分辨率遥感影像主要用于项目合规性、植物措施实施情况和扰动部位的动态变化监管。

1.3 加权平均土壤侵蚀模数法与"三因子法"的土壤侵蚀研究优势互补

加权平均侵蚀模数能够得出一个具体的侵蚀模数值，直接反映区域土壤侵蚀整体情况，可以更加直观快速的了解一个地区的侵蚀现状，直接用数据对比分析土壤侵蚀变化。

未来水土流失动态监测中，可以利用两种方法优势互补，应用《土壤侵蚀分类分级标准》（SL190—2007）计算的土壤侵蚀等级反映侵蚀状况的空间分布、土壤侵蚀等级结构的变化，应用加权平均土壤侵蚀模数说明区域土壤侵蚀整体变化，把二者相结合全面有效的说明区域水土流失状况。

高分辨率遥感影像判读数据分类准确、精度高，但解译与野外判读标志确立和验证比较耗时，本项目由水土保持局主管，宁夏大学和北京师范大学为技术支持单位，采用高校与厅局项目合作的方式，工作效率高，为未来相应项目提供了工作模式参考。

1.4 NDVI 灰度值用在区域水土保持生态环境动态监测中简单易行

（1）NDVI 灰度值方法简单易行

在区域水土保持生态环境动态监测中，NDVI 灰度值可以很好反映植被盖度等生态恢复状况，NDVI 在一定的区间内，能够反映土壤侵蚀等级或土地利用类型。获取方法简单、时间序列长，建议未来区域水土保持生态环境动态监测 NDVI 灰度值采用这种方法做预判，结合高分辨率影像精细判读，优势互补。本次对宁东基地生态动态监测中提供更加简便有效的方法，能够节约更多的成本投入和人力劳动。

为以后的区域水土保持生态环境动态监测监测研究工作提供更加便捷和优越的方法支撑。

（2）生物量与土壤侵蚀强度关系密切

生物量与土壤侵蚀强度关系密切，生物量较高区域，植被生长较好，植被覆盖度高，土壤侵蚀程度较低。NDVI 与生物量采样数据结合，构建估测回归模型，对2015 年灌草地上生物量进行估测并验证，得到了较优的估测模型。研究结果表明生物量与土壤侵蚀强度关系密切，生物量较高区域，植被生长较好，植被覆盖度高，土壤侵蚀程度较低。结合土壤侵蚀得到区域内生物量与土壤侵蚀强度关系密切，生物量较高区域，植被生长较好，植被覆盖度高，土壤侵蚀程度较低。

（3）NDVI 平均值与降水量有很强的相关性

研究建立了研究区干旱模型，采用研究区 16 年的 MODIS NDVI 数据作为分析植被情况的数据源，将 NDVI 值与每一年干旱情况相结合，通过分析得出 NDVI 值与干旱等级之间逐年的关系，发现宁东基地干旱发生具频繁性的特点，宁东基地降水量与 NDVI 平均值有很强的相关性，对宁东基地生态恢复有较好的指示作用。

1.5 水土保持生态环境评价若不考虑环境质量指数变化更符合宁东基地水土保持生态环境建设实际

《生态环境状况评价技术规范》(HJ/T192-2015)适用于我国县域、省域的生态环境状况及变化趋势。参照国家环境保护总局发布的《生态环境状况评价技术规范》(HJ/T192-2015)的相关技术规定，对宁东基地开发建设前后水土保持生态环境变化进行评价，创新性的应用生态环境状况指数，根据水土保持具体情况，从不考虑环境质量指数变化和考虑环境质量指数变化两个的角度进一步分析，具有一定的规范性，又有符合宁东基地特点的创新。

2 展望

2.1 遥感监测是未来水土保持生态环境监测的趋势

研究显示，遥感监测方法在土地利用、水土保持监测方面表现出调查面积大、精度高、周期短、相对花费人力物力财力较少的优势。结合不同分辨率影像各自的优势，特别考虑应用国产高分辨率遥感影像，应用需要先进的计算机软硬件支持，更广泛的实地调研，更多专业人员参与，在未来区域水土保持生态环境监测的应用中，自动判读解译方法是必然趋势。

2.2 高分辨率遥感影像在水土保持动态监测应用广泛

（1）水土保持动态监测中推广应用高分辨率遥感影像，考虑高分辨率影像判读数据分类准确、精度高，对宁东基地灰渣场、取弃土场、砂石料场、堆煤场进行精确解译。

（2）但考虑高分辨率遥感影像幅宽小、价格高、数据量大，判读解译土地利用现状、野外判读标志确立和验证比较耗时，本次项目由水土保持局主管，宁夏大学和北京师范大学为技术支持单位，利用高校人员与技术的优势，提高工作效率高，为未来相关项目提供合作模式。

2.3 NDVI灰度值方法能够快速分析区域生态恢复状况

本研究在一定程度上阐释了土壤侵蚀与植被覆盖度、地形因子之间的关系，NDVI灰度值方法能够反映区域生态恢复状况。是一种简单易行，值得推广的评价方法。

2.4 区域气候因素分析可以辨析生态环境变化中的自然因素贡献率

生态环境变化是生态恢复措施的实施和环境保护政策的具体落实以及自然因素共同作用的结果，也即是"政策好、人努力、天帮忙"。要具体辨析辨析生态环境变化中的各因素的贡献率，需从理论上解构是哪些因素促进了生态环境的变化，以及如何通过现代计量学方法把其影响分离出来。目前通过遥感影像、气候数据和多年的社会经济资料，可借助主成分分析法定量辨析生态环境变化过程中各类因素的贡献率。

2.5 因地制宜进行水土保持生态环境质量评价指标体系、方法改进

（1）在进行水土保持生态环境质量评价时，应该充分考虑到宁东基地所具有的明显的区域差异性，根据评价区域本身的环境条件，优化评价指标体系，使分指标的权重体现荒漠草原地区区域特色，去除规范中不合适的指标，如宁东基地没有滩涂湿地和永久性冰川雪地，应当去除滩涂湿地、永久性冰川雪地等指标。

（2）评价水土保持生态环境，要针对水土保持，对指标进行筛选，考虑污染负荷指数中的分指标是否有必要保留，如二氧化硫、氨氮等分指标。可根据需要，增

大指标。

（3）本次研究根据水土保持具体情况，从不考虑环境质量指数变化和考虑环境质量指数变化两个的角度进一步分析，更好的体现水土保持因子对宁东水土保持生态环境影响，可以在区域水土保持生态环境监测中推广应用。

2.6　建议定期、持续进行水土保持生态环境动态监测

开发建设项目水土保持监测是从保护水土资源和维护良好的生态环境出发，运用多种手段和方法，对水土流失的成因、数量、强度、影响范围、危害及其防治成效等进行动态监测的过程，是防治水土流失的基础性工作，是水土保持生态建设的重要基础性工作，是水土保持事业的重要组成部分，是提高水土保持现代化水平的基础。

定期、持续开展水土保持监测可及时、全面地对各项水土保持措施的实施情况进行动态监测，科学分析水土保持设施的数量、质量、效果及其变化趋势，回答工程建设过程中的扰动土地整治率、水土流失总治理度、水土流失控制比、林草植被恢复率、林草覆盖率等指标的变换，并为采取有力的管理、维护和保证措施持续发挥效益提供基础信息。没有项目建设施工过程和运行初期的水土保持监测数据，既难以评价建设过程中的水土流失动态，又难以评价水土保持设施的作用，也难以采取有效的管护办法持续发挥水土保持设施效益。

随着遥感影像光谱分辨率、几何分辨率的不断提高和覆盖时间周期化，以及 3S（GIS、RS、GPS）集成技术的逐步成熟和计算机网络技术迅猛发展，开展这一工作，在技术上已经完全可行。

附件 1

宁东基地气象数据

1. 宁东基地基本气象资料

年平均气温	极端最低气温	极端最高气温	年均降水量	年均蒸发量
8.8℃	−28.0℃	41.4℃	194.7mm	2 088.2 mm
年均无霜期	年日照时数	主导风向	年平均风速	历年最大风速
154 d	3 001 h	N、NW	2.6 m/s	23.3 m/s

2. 1990—2015 年降雨资料

月 年	1	2	3	4	5	6	7	8	9	10	11	12	全年
1990	0.8	5.9	27.3	19.4	27.8	5.8	78.3	75.2	11.1	26.0	0.1	0.0	277.7
1991	0.0	4.8	6.3	22.9	45.6	10.0	10.8	28.4	13.0	3.0	0.0	3.3	148.5
1992	0.0	0.0	16.0	6.7	59.8	35.0	55.8	94.2	15.9	31.3	7.7	0.0	322.4
1993	2.5	1.2	10.0	2.5	21.0	5.1	23.1	46.4	24.6	0.5	6.1	0.0	143.0
1994	0.0	2.2	1.0	14.2	1.9	19.0	21.9	46.5	19.5	8.2	2.0	0.1	136.6
1995	0.0	3.4	0.0	0.1	0.1	21.0	81.8	60.7	27.0	3.9	0.4	0.0	198.7
1996	0.0	0.0	2.5	10.4	6.4	35.0	56.8	27.8	33.9	17.6	3.5	0.0	193.9
1997	1.0	0.0	16.3	2.6	2.0	3.2	63.5	10.3	8.3	0.0	9.1	0.6	116.9
1998	1.8	0.0	14.9	8.3	43.7	11.0	56.2	13.3	17.0	11.0	0.0	0.0	176.7
1999	0.0	0.0	0.0	15.6	14.4	17.0	133.0	35.1	25.2	10.3	0.0	1.0	251.8
2000	2.2	0.0	0.9	0.6	0.2	34.0	56.4	48.5	28.2	2.2	0.1	0.0	173.3
2001	0.5	0.0	0.9	11.7	3.9	8.7	42.1	48.8	88.5	13.3	0.0	0.7	219.1
2002	3.1	0.5	6.5	16.8	39.7	86.0	21.0	19.5	57.1	4.7	0.0	2.6	257.5
2003	1.5	0.1	3.8	8.6	31.8	42.0	14.1	57.8	17.1	19.5	10.3	0.0	206.6
2004	0.0	0.0	7.5	13.7	39.0	18.7	32.3	19.1	10.5	0.0	0.0	1.3	142.1

续表

年\月	1	2	3	4	5	6	7	8	9	10	11	12	全年
2005	0.7	4.4	1.1	0.0	5.8	2.7	9.6	22.9	18.4	14.2	0.6	0.0	80.4
2006	4.3	3.3	0.1	2.8	19.8	4.8	73.6	17.0	15.5	8.1	6.2	0.0	155.5
2007	0.5	0.7	16.2	7.6	35.2	96.7	6.1	26.1	17.3	14.2	0.0	1.9	222.5
2008	7.6	2.3	0.2	20.3	0.3	4.5	55.0	45.8	57.4	11.9	0.1	0.0	205.4
2009	0.0	0.2	2.0	2.5	24.4	4.0	16.1	80.3	22.9	17.1	15.7	0.5	185.7
2010	0.0	8.3	2.1	24.7	38.9	38.0	10.7	10.5	32.8	10.5	0.0	0.0	176.5
2011	0.0	1.6	3.2	9.6	34.4	17.6	83.2	59.8	69.2	0.0	0.0	0.4	279.0
2012	2.2	0.0	3.4	16.2	8.6	45.5	78.3	22.9	57.7	5.4	0.3	0.6	241.1
2013	0.1	0.0	0.0	8.1	32.2	46.4	20.0	5.9	16	4.6	0.0	0.0	133.3
2014	0.0	7.5	0.0	34.6	4.0	56.2	17.9	55.3	34.3	14.9	4.0	0.0	228.7
2015	1.0	0.4	0.0	29.1	14.9	10.7	10.0	38.9	69.1	15.5	0.0	0.0	189.6
平均	1.2	1.9	5.3	11.8	20.6	27.1	43.1	39.9	31.7	11.1	3.0	1.0	194.7

3. 地面不同风速出现频率表(%)

风速(m/s)\时段	1月	4月	7月	10月	全年
0~0.9	28	15	16	25	22
1.0~3.0	45	37	55	46	46
3.1~6.0	19	30	25	23	24
≥6.0	8	17	4	6	9
1.0~6.0	64	67	80	69	70

4. 2000—2015 年平均风速资料

年\月	1	2	3	4	5	6	7	8	9	10	11	12	全年
2000	2.8	3.1	3.3	3.7	3.4	3.5	3.2	2.9	2.6	2.8	3.5	3.8	3.2
2001	4.0	3.6	4.1	4.2	2.9	2.9	3.1	2.6	2.6	2.3	2.5	3.3	3.2
2002	3.2	3.2	3.7	3.9	3.3	3.2	3.1	2.4	2.8	3.3	3.5	2.7	3.2
2003	3.1	3.3	3.3	4.0	3.4	3.0	2.8	2.6	2.4	3.0	2.9	2.8	3.1
2004	2.4	4.0	3.9	3.4	3.3	2.7	2.6	2.5	2.5	2.5	3.0	3.3	3.0

续表

年\月	1	2	3	4	5	6	7	8	9	10	11	12	全年
2005	2.3	3.4	3.5	3.3	3.2	2.6	2.6	2.7	2.8	2.4	0.0	0.0	2.4
2007	2.5	2.6	2.7	2.9	2.9	2.2	2.0	1.9	2.1	1.8	2.3	2.2	2.3
2008	2.0	2.4	2.9	2.4	2.4	2.3	2.4	2.2	1.9	2.0	2.8	3.0	2.4
2009	2.5	2.5	2.8	2.5	2.6	2.0	2.5	2.0	1.8	2.2	2.3	2.6	2.4
2010	2.4	2.4	3.5	3.0	3.5	2.5	2.4	2.1	2.1	1.9	2.9	0.0	2.4
2011	1.9	2.5	2.4	2.9	2.5	2.4	1.9	2.0	1.8	1.8	2.1	2.0	2.2
2012	1.9	1.9	2.7	2.7	2.5	2.3	1.8	2.1	1.8	2.0	2.7	2.9	2.3
2013	2.0	2.4	2.9	2.7	2.3	2.3	2.0	2.3	1.8	1.8	2.4	2.1	2.3
2014	2.1	2.0	2.1	2.1	2.5	1.9	2.1	1.8	1.6	2.0	1.9	2.9	2.1
2015	2.1	2.5	2.6	2.5	2.4	2.4	1.9	1.7	1.9	1.5	2.2	1.7	2.1
平均	2.5	2.8	3.1	3.1	2.9	2.5	2.4	2.3	2.2	2.2	2.5	2.4	2.6

附件2

宁东能源化工基地遥感影像解译标志

地类(图斑号)	说明
 疏林地(图斑号1139)	呈点状，形状不规则，边界清晰；色调较均匀；分布于山边、农田、道路、居民地和渠周围
 湖泊(图斑号493)	蓝色为主，夹杂灰色；轮廓线明显、边界清晰；色调较均匀，质地较光滑
 有林地(图斑号1179)	呈面状连片，形状不规则，边界清晰；色调较均匀；分布于山边、农田、道路、居民地和渠周围
 天然草地(图斑号631)	淡绿色或青灰色，呈点状；形状不规则，边界不明显；色调不均匀；分布在荒山和周围

续表

地类（图斑号）		说明
建制镇（图斑号 534）		绿色、灰白色相间，夹杂深灰色条带；内部网格明显、形状规则；色调不均匀
盐沼（图斑号 650）		蓝色为主，夹杂灰白色；轮廓线明显、边界清晰；色调较均匀，质地较光滑，因为有盐析出，边界呈现亮白色
河流水面（图斑号 512）		蓝绿色与灰白色相间；宽窄不一、且多分支、弯曲条带状；色调较均匀，质地光滑
堆煤场（图斑号 1173）		黑灰色为主，呈现不规则斑状，质地粗糙，不光滑
水浇地（图斑号 230）		整体呈绿色，间杂小块白色及深灰色，被黑色条纹分隔为条块状；规则块状，边界清晰；色调较均匀；与旱地和荒草地相邻

续表

地类（图斑号）	说明
旱地（图斑号 282）	灰色与灰紫色块状相间分布，间有深灰色条带；规则块状，边界清晰；色调较均匀；与水浇地和荒草地相邻
沙地（图斑号 838）	整体为灰白色；形状不规则；波状起伏且有明显立体感或蜂窝状；取弃土场
取弃土场（图斑号 1053）	地面为土质；白色与灰绿色相间；形状不规则；色调较均匀，质地较光滑
独立工矿用地（图斑号 643）	灰色块状为主，有少量绿色为草地；形状较规则，边界较清晰；色调不均匀
渣场（图斑号 1204）	灰色块状为主，有些上层覆盖有蓝色防尘网；形状较规则，用水泥坝体围住，边界较清晰

续表

地类（图斑号）		说明
农村居民点（图斑号 920）		亮白色、淡绿色相间，有灰色条带间杂；内部网格明显、形状规则；色调较均匀；与农田相邻
公路用地（图斑号 1149）		色条状，边界明显，色调较均匀，一般连接村庄或城镇
铁路用地（图斑号 1248）		黑色条状，边界明显，色调较均匀
灌木林地（图斑号 857）		种植柠条或牛筋条；整体为浅灰色或褐色条纹，有白色条带夹杂其中；形状不规则，边界清晰；色调较均匀；与耕地或荒草地相间分布
砂石料场（图斑号 1180）		地面为砂土质；白色与灰绿色相间；形状不规则；色调较均匀，质地较光滑

续表

地类(图斑号)	说明
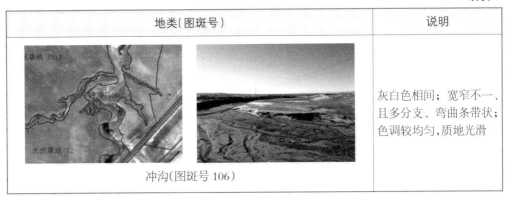 冲沟(图斑号106)	灰白色相间;宽窄不一、且多分支、弯曲条带状;色调较均匀,质地光滑

附件 3

不同分辨率下的生态恢复景观类型初步分类遥感解译标志

土地利用类型 （细类）	GF-12.0 m 融合数据	TM 30 m 多光谱数据	MODIS 250 m 数据	照片	备注
水浇地					
旱地					
园地					
有林地					
灌木林地					
疏林地					
天然草地					
建制镇					

续表

土地利用类型 （细类）	GF−12.0 m 融合数据	TM 30 m 多光谱数据	MODIS 250 m 数据	照片	备注
农村居民点					
厂房及办公 用地					
灰渣场					
取弃土场					
砂石料场					
堆煤场					
铁路用地					
公路用地					
水库水面					
盐沼					

续表

土地利用类型（细类）	GF-12.0 m 融合数据	TM 30 m 多光谱数据	MODIS 250 m 数据	照片	备注
沙地					
裸土地					
河流水面					
栅格总数	871 000 000	3 871 111	13 936		
矢量斑块总数	4 340	1 486			

附件 4

植被盖度解译标志

裸地(0-10)　　　　　　裸地(0-10)

裸地(0-10)　　　　　　裸地(0-10)

裸地(0-10)　　　　　　裸地(0-10)

低覆盖(10-30)　　　　　中低覆盖(30-45)

续表

中覆盖(45-60)　　　　中覆盖(45-60)

中覆盖(45-60)　　　　中覆盖(60-75)